Helen Scales

11Explorations
into Life on Earth

———————

11_次 奇妙自然 探索之旅

〔英〕海伦·斯凯尔斯 著 祖颖 译

CS 湖南文艺出版社
HUNAN LITERATURE AND ART PUBLISHING HOUSE ● 博集天卷
CS-BOOKY

植物给了动物诸多好处，他说，包括提供树干让它们往上爬。树栖生活方式将"开启它们运动、给养或巢居等方面新的可能性"

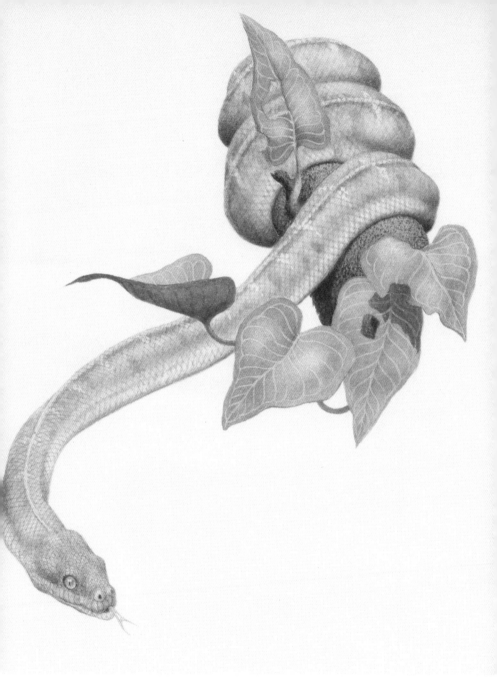

各种各样的动物都在遵循这一法则，从绿色敏捷的树蛇，到螃蟹、昆虫、猴子和鸟类

树栖生活
蓬尾浣熊（并非所有属的浣熊都为树栖，如地栖的长鼻浣熊）

树栖生活
马来穿山甲（全世界共有8种穿山甲，4种主要生活在地上，4种主要生活在树上）

巴尔弗 - 布朗在探索昆虫复杂的生活形态时，也将我们带进了一个复杂而隐秘的国度。他分享了自己对蝴蝶、蜜蜂、甲虫和蜻蜓的着迷，向我们展示了昆虫如何度过截然不同的生命阶段

不会飞的鸬鹚

金翅雀，有着醒目的黑、白、红三色相间的脑袋和黄色的条纹翅膀

赫胥黎还向他年轻的听众讲述了深海中那些奇怪的"住户",正如他所揭示的那样,那些鲜为人知的动物因为生活在人类难以接近的地方,所以很少被发现

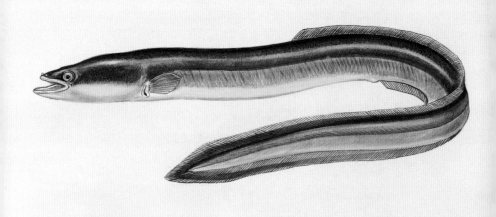

格雷还向听众介绍了一条活蹦乱跳的鳗鱼，来说明：鱼类只有在有些什么东西可以推动、借力时，才能运动起来

当水平方向的风遇到障碍，比如一栋建筑、一座山或是一个悬崖时，气流就会向上偏转。这就是为什么海鸥会沿着一条条峭壁滑翔，为什么老鹰会在山的迎风面滑翔

鼬鼠，尾巴下有腺体，会喷出难闻气味的气体

在我们人类生死存亡的关键时刻，科学比任何时候都要重要。

——苏·哈特利

11 EXPLORATIONS
INTO LIFE ON EARTH

11次
奇妙自然
探索之旅

英国皇家科学院圣诞讲座

CHRISTMAS LECTURES
FROM
THE ROYAL INSTITUTION

目 录
Contents

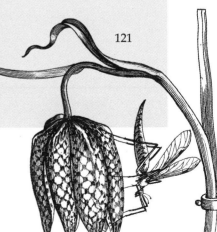

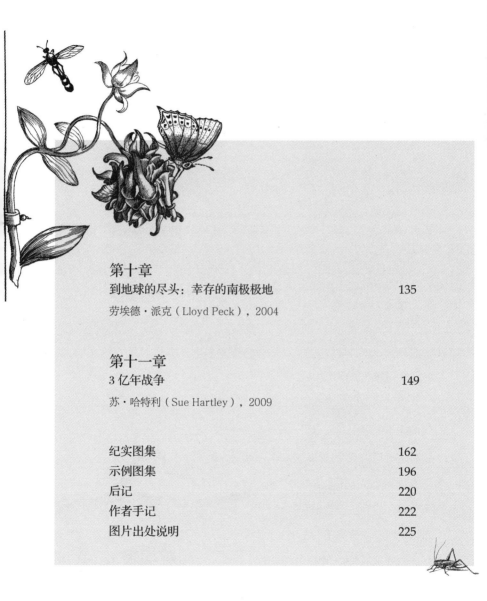

序言

戴维·阿滕伯勒（Sir David Attenborough）

在我的广播生涯中，只有那么一次，被邀请做电视节目，那是 40 多年前的事情了。早些年，我还是英国广播公司（BBC）第二频道的主管，负责安排皇家科学院（Royal Institution）圣诞讲座广播渠道的播出，但现在我辞去了那份工作，重新开始做电视节目，还毫不犹豫地应下了一年一度科学系列讲座的邀请，自己做一个系列演讲。

以前每次做广播调试的时候，我都规定：它们务必要在未经剪辑的情况下向观众现场直播，讲座现场是如何表现的，就如何呈现给电视机前的广大观众。我认为，观众应该认识到实验就是实验，没有人能准确预知接下来会发生些什么，这样肯定能够有效提升他们的兴奋值，现在轮到我自己来做这个系列讲座了，我必须遵守这个原则。更棘手的是，我选择了一个动物主题，还承诺我将会通过展示野生动物和大家意想不到的动物，来呈现这个讲座。

我开始了第一期节目的筹划工作，我很快便意识到这是一项几乎不可能完成的任务——我怎么能保证动物会按照我讲解的理论方式表现呢？我又怎么能保证它们不会咬我，或是挣脱束缚跑掉呢？我在第一次讲座脚本的组织上下了很大功夫，设法预先做好要讲解到位并防范实验事故的全部准备，同时还一直感到惴惴不安：我就只是勉强对第二场讲座要讲什么有点模糊的概念，剩下四场讲座的内容完全没有想法，除了已经定好的主题之外，其他一切均是未知，但这个系列讲座几周后就要开讲了。

于是，我给BBC的制片人打了个电话，告诉他我想跟他们解除合约。"不可能！"他一口回绝了我。我记得，当时我好像还提到了会如数支付违约金作为补偿，他用同样的语气拒绝了这一提议。正如我所料，任何一个称职的制片人在应付一个神经紧张的供稿人时都会这么做，本书的第七章中，你将会对这个结果有更为详尽的了解。

无独有偶，后来讲座并没有以现场直播的方式呈现。或许从演讲者的角度来看，这是万幸，但也同样很合那些电视节目策划者的心意。当然，如果他们能够事先确保在自己的档期内定期播出节目，就不必等到节目播出时再筹备录制了。不过，我敢说你会被跟我一起缔造圣诞讲座的所有人折服，正是他们精湛非凡的技巧、别出心裁的创意，才设计出了这样精彩纷呈、寓教于乐的实验讲座，从而激发出观众心中如此多有趣的想法。事实上，我也惊叹于他们的才华，但只有我——和他们一起——才知道我们为此到底付出了怎样的心血。

引言

离伦敦市中心繁华的街道只有几步之遥，那里有一栋全世界数百万人都熟知的建筑：一排排坡度较大的座位，光亮如新的木地板，还有一张大桌子。近200年来，每年都会有一位科学家走进这个大厅，感染和启发着涌入讲堂来听皇家科学院圣诞讲座的年轻听众。自1966

年以来，人们就一直坐在电视机前观看他们演讲，现在、过去播出过的，以及最近放送的讲座视频都可以在线观看了，伦敦的系列讲座圆满成功之后，很多演讲者开始去南美洲和亚洲巡回演讲，回馈来自大洋彼岸听众的青睐。这个系列讲座的发起人，颇具影响力的英国科学家迈克尔·法拉第（Michael Faraday），如果得知今天系列讲座还在延续，并且广泛传播到世界各地的诸多国家和人群当中，无疑会感到非常震惊的。

这是纪念皇家科学院圣诞讲座的第二本书，第一本是《13 次时空穿梭之旅》，带领我们踏上了天文学探索发现之旅，打开了我们凝视宇宙的新视角，不管是太阳系，还是更远的地方。现在，我们即将出发，去探索我们赖以生存的星球上，那些令人叹为观止的生命奇迹。

一大批享誉全球的演讲者汇聚在演讲大厅里，各种各样毛茸茸的哺乳动物、郁郁葱葱的植物、唧啾和鸣的鸟类、四处爬行的昆虫，此外还有很多说不出名字的珍稀动植物，挤满了大厅的每一个角落，它们即将开启隐匿在众多地球生命中最大的秘密。这本书的时间轴从 20 世纪初开始转动，那时候，关于生物世界的研究逐渐从描述性学科（主要集中于物种的发现和命名）中脱离了出来，开始走向现代生态科学。科学家们不再孤立地研究生物体本身，开始转向探究生物体之间相互交流的方式和它们生存的环境，以及由此形成的错综复杂的生态脉络。

迈克尔·法拉第本人也一定会对今天我们所涵盖的主题感到惊讶不已的，自从 1825 年他们最初组织这个系列讲座起，走过整个 19 世纪，皇家科学院圣诞讲座的演讲者们少有聚焦于我们生活的生物世界。1831 年苏格兰博物学家詹姆斯·伦尼（James Rennie）做过一次被命名为《动物学》的主题演讲，还有 1833 年约翰·林德利（John Lindley）一次题为《植物学》的主题演讲（但是几乎没有什么档案材料可以为这两个讲座提供细节论证），除此之外，圣诞讲座几乎全都专注在物理科学上。即使是 1859 年查尔斯·达尔文（Charles Darwin）开创性提出的自然选择进化论——解释地球上的生物系统如何发展至今——也没有在 19 世纪的任何一次演讲中出现过。1991 年，理查德·道金斯（Richard Dawkins）在他的圣诞讲座（见第八章）中，首次提到并讨论了进化论。也许这个话题在当时并不是很受认可，对维多利亚时代的年轻听众来说，这个学说观点还是太有争议了。

这本书涵盖的讲座代表了新一代"圣诞演讲者"的先进观点，它们反映了上世纪人们对生物世界如何运作与日俱增的好奇心和探索精神，以及人们对人类行为破坏我们赖以生存的生物系统，投入的越来越多的关注。

书中每一章都集中呈现了一个专题讲稿丛集，囊括了圣诞节期间的那几天，每天都会进行的 3 到 6 小时的原始讲稿内容。本书的成书目的，是让人们见识到每位讲师所讨论的最令人兴奋的发现和观点，为了向野外的探险世界运输更多读者。接下来，我们将逐步了解科学家如何揭开生物世界中这些神秘现象的真相，还会带领大家身临其境地探秘更大的奇迹，从热带雨林到地球上最冷的地方，再到生活在我们周围、每天都能看到的那些熟悉的动植物。

第一章
动物的童年

彼得·查理姆斯·米歇尔爵士

（Sir Peter Chalmers Mitchell）

1911

彼得·潘……一种永远也不会长大，或

者说很难长大的爬行动物。

不可思议的自然探索之旅

---

1. 什么类型的动物幼年时期与成年时期样子相差很大？
2. 文中提到的世上繁衍最慢的物种是什么？
3. 是不是所有动物的幼崽都本能地害怕食肉动物？

"复杂的机器部件，如手表或汽车，在许多方面都与动物有着相似之处，但这些东西，可能是新的或是旧的，却永远不会是年轻的。"查理姆斯·米歇尔以这样一段开场白开始了他的演讲，"青春时代是生物世界所独有的。"他选择不去刻板地定义"幼年"从何时开始，到何时结束——生物世界包罗万象——但为了让听众更直观地了解动物幼年时期的模样，他还真带来了几个不同物种的动物幼崽，他带来了一只 1 岁的美洲虎、一只松鼠猴、几条蛇，还有一只幼体鳄鱼。

根据幼体时期的不同特征，他说，可以将动物分成三大类，第一类，

美洲虎

松鼠猴

幼年鳄鱼

包含没有青春期的生物，像单细胞变形虫这样的生物，通过简单分裂成两个完全相同的个体，让自己无限生长下去。第二类，也是人类所属的类别，和所有其他动物一样，年幼的个体或多或少会跟他们的父母有些类似。

奇怪的是，第二类中，不同物种的幼体通常看起来也会很相似，一位来自《阿伯丁日报》的记者 1911 年 12 月 29 日写道：当我走进演讲大厅时，此起彼伏的笑声萦绕在我的耳边。这时，查理姆斯·米歇尔正好讲到幼年大猩猩看上去和人类的婴儿如何如何相像，并在幻灯片上展示了相应的图片来证明自己的观点。查理姆斯·米歇尔从他将非洲的幼体小河马带到伦敦动物园时开始，讲到了另外一个动物幼体长相类似的趣味事例，一名海关官员扣下了这只小河马，坚

ROYAL INSTITUTION OF GREAT BRITAIN
ALBEMARLE STREET, PICCADILLY, W.

1911-12

A CHRISTMAS COURSE OF ILLUSTRATED LECTURES
Adapted to a Juvenile Auditory
ON

The Childhood of Animals
BY
P. CHALMERS MITCHELL, Esq.
LL.D. D.Sc. F.R.S.
Secretary, Zoological Society of London

TO BE DELIVERED ON THE FOLLOWING DAYS,
AT THREE O'CLOCK:

Thursday, December 28
Saturday, December 30
Tuesday, January 2
Thursday, January 4
Saturday, January 6
Tuesday, January 9

讲座安排表（封面）

决要求给它做一系列传染性家畜疾病的排查，因为在他看来，这显然是一头猪。

第三类动物，它们的幼年时期跟成年时期差距非常大，以至于你几乎完全无法想象它们长大之后会变成什么样子。查理姆斯·米歇尔引入了一个画面，生动描绘了人类在经历这样的巨变之后，可能会变成何种模样。他让听众想象：一个人类婴儿开始像鱼一样，在水族馆里游泳、吃水蚤，他的皮肤会越长越紧，然后它们会裂开，与血肉分离，然后一只类似刺猬的生物爬到了陆地上。在公园里吃上一段时间蚯蚓之后，他的皮肤将会再一次变紧，经过第二次蜕皮分裂，他会完全长成一个成熟的男孩。

第三类动物中没有哺乳动物，主要是昆虫和海洋无脊椎动物，包括螃蟹、龙虾和小虾米，它们属于同一个系列：在不同的成长周期，幼体的样子是不同的。每一阶段的蜕变，它们都会蜕掉坚硬的外骨骼，展露出下面的那个全新的、更大的自己，看起来跟上一个阶段完全不一样，长出新的步足、游泳附肢和壳上的尖刺（1924 至 1925 年度弗朗西斯·巴尔弗－布朗的圣诞讲座中，我们将会了解到更多关于昆虫不同生命阶段的蜕变）。

说到动物的童年，查理姆斯·米歇尔向我们具体描述了这一时期不同物种之间千变万化的差距。大象是世界上最大的，也是最长寿的哺乳动物之一，同时它们也拥有哺乳动物中最漫长的幼年时期。1921年成为皇家科学院秘书之前的 20 年里，查理姆斯·米歇尔一直在伦敦动物园做研究，那里住着一头名叫加姆博（Jumbo）的大象，身高 3.35米，是当时世界上最大的圈养大象。和所有的非洲象一样，加姆博只有长到20岁到24岁才能真正成年，不过，体形巨大并不表示这种动物就一定有着漫长的童年期，像河马，仅仅5岁到6岁就基本成年了。

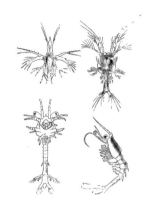

对虾幼体的不同成长阶段。摘自查理姆斯·米歇尔书中演讲内容的附图

在昆虫类别中，很多物种的成虫时期非常短暂，蜉蝣蜕变后成虫仅成活几个小时，在此之前，它们的水生幼虫会在池塘中生活长达两年的时间。更不可思议的是蝉的幼虫，在蜕变到成虫之前，它们将在地底下深埋将近17年之久，成虫后大量攒聚在一起，所有的成年蝉将会在短短的两个月之内完成交配、产卵，然后死去。

有些动物永远也无法长到成年体，查理姆斯·米歇尔在演讲时举起了一个装着一只动物的玻璃容器，1912年1月2日，《邓迪信使报》的一位记者曾这样描述它："彼得·潘……一种永远也不会长大，或者说很难长大的爬行动物。"里面的动物看起来像一只巨型蝌蚪或是蝾螈，头部两侧分别有触角和羽毛状的腮体，它是一种蝾螈，实际上，它是一种两栖动物，不是爬行动物，来自墨西哥城周围的湖泊（因为城市化和水污染，在野外，它们正濒临灭绝）。查理姆斯·米歇尔详细讲述了科学家花了多么长的时间，才大胆地提出猜想：生活在这个国度的这些不寻常的蝾螈，能够"永葆青春"地度过它们的一生；它们达到性成熟的时候，也不会从幼虫变到成虫阶段。不过，他还提到，生活在巴黎蒙彼利埃植物园中的一些蝾螈，被养在仅有少量水的水槽里，当它们像大多数成年蝾螈那样，蜕掉腮体长出肺之后，模样的变化让所有人都感到震惊不已。《邓迪信使报》的那名记者报道称，听众中最年幼的一群人还抱着一丝希望："下午可能就会发生蜕变。"但这只蝾螈，是不可能在皇家科学院演讲大厅里长大了。

像大多数为人父母者了解的那样，任何幼小动物的抚养过程中，食物的给养都是至关重要的一部分，查理姆斯·米歇尔分别从不同的角度探讨了这一话题。"一个让人深感奇妙的事实是，"他说，"几乎所有的幼鸟都是以它们父母喂给的昆虫、蠕虫和蛆虫为食的，尽管成年鸟类多以植物为食。"不过，鸵鸟是少数例外之一，幼年时期的它也是以植物的根、茎、叶和种子为食的，算得上彻头彻尾的素食者了。他指出："大多数鸟类的饮食变化记起来都非常有意思，听农民们经常抱怨他们的庄稼被鸟类祸害就知道了。"很显然，在他演讲的那个年代，农民们正鼓吹通过射杀鸟类来控制它们带来的农事灾害呢。对此，查理姆斯·米歇尔解释道，这么做是毫无意义的，因为漫长的夏季正是农作物生长的关键时期，成年鸟类忙于收集大量的昆虫和各种幼虫来喂养它们的孩子，"杀死这些鸟类所带来的恶果就是，昆虫的数量会急剧增加"。而这些昆虫对农作物和园里的花朵造成的损失将远超各种鸟类（见巴尔弗－

一只蝾螈从幼体开始变形，从长着羽毛状腮体的水生阶段（上），到呼吸空气的陆栖成年体阶段（下）

布朗关于昆虫生命的讲座）。

谈到对幼小动物喂养方式的研究，曾在伦敦动物园工作过的查理姆斯·米歇尔有着丰富的第一手经验，他向皇家科学院的听众回忆了自己过去的经历，包括用一些相当奇怪的食物喂养动物。他说，一只拒绝进食一切食物的小猩猩，最后还是没能抵住水果味牛奶的诱惑。还有一次，他养了一只幼小的树蹄兔（一种个头很小的大象远亲，夜间活动的哺乳动物），只吃蘸过热咖啡的手指饼干或是浸在红葡萄酒里的面包，一段时间后，那只树蹄兔的饮食偏好开始转向浸在牛奶里的吐司面包，最后它居然爱上了纯天然的绿色树叶。

他建议大家，尽可能早地让那些幼小的动物自己选择食物，进食的时候，尽量不要去碰它们，让它们自己吃；如果你碰了它们，它们就有可能咆哮警告或撕咬你，在野外，动物知道它们必须捍卫自己的食物，防止被其他生物夺走，这是本能。有一次，查理姆斯·米歇尔为了给一只幼熊喂食一茶匙蓖麻油，费尽心思花了半个小时时间。"我和饲养员都被它又抓又咬，外套都撕破了。"他说。他们后来放弃了，直接在那只熊面前丢了一盘蓖麻油，然后，它很快便冲了过来，贪婪地把它们都喝光了。"耐心和不断实验是跟所有这些动物友好相处最成功的方法。"他说。

"如果你养了一只不爱进食的鳄鱼，"他说，"试试看把它泡在热水里。"当冷血的鳄鱼体温开始升高，它很快就会变得活跃起来，并且开始吃东西。如果那样还是不行的话，他建议，用牙刷小心翼翼地把一小块肉戳到它的喉咙里。台下有些听众闻声笑了起来，因为查理姆斯·米歇尔给他们的感觉是：喂养鳄鱼也没那么可怕。

即使有父母（或是领养的人）提供食物，动物的童年过得也很不容易，还有一个不争的事实，并非所有年幼的动物都能活到成年。查理姆斯·米歇尔选择了两个截然不同的物种来诠释这一点，重现了查尔斯·达尔文对这个结论的推算过程：如果所有的小象都存活了下来，局面可能很快就会失去控制。尽管它们的确是世界上繁殖最慢的物种之一，一对"大象夫妇"大约有 100 年的寿命，它们一生能生育 6 个孩子。如果所有这些后代，还有后代的后代都能幸存下来的话，那么在接下来超过 500 年的时间里，这对"大象夫妇"和它们后代的数量将超过 1500 万。"世界将很快被大象挤满，所有的生物，包括它们自己都将摩肩接踵，举步无席。"查理姆斯·米歇尔说。

另一个极端是多宝鱼，一种每年排卵量高达 1500 万的比目鱼，倘若它们全都能成活并长到成年，大海里将会有成群的、数不清的大多宝鱼，以至于"当人们穿越英吉利海峡的时候，就再也不会觉得晕船了"，他开玩笑道，"他们可以踩着多宝鱼直接走过去"。听众席上传来阵阵笑声。动物之所以无法自由繁殖，更别说成为地球的主宰，主要是因为它们的幼崽很好吃（而且很容易捕获），从而成为掠食者的目标。跟一只肉质干涩的老鸡比起来，查理姆斯·米歇尔说，年幼的小鸡肯定是美味多了。

在伦敦动物园工作时，查理姆斯·米歇尔一直在探索一个问题：是不是所有动物的幼崽都本能地害怕食肉动物，尤其是蛇。他在皇家科学院的听众面前，重新做了一次实验。他带来了一条很大的活蛇（无毒的品种），并把它逐一展示给各种不同的动物，以此观察它们会做出何种反应。它们的反应千奇百怪。一只小葵花凤头鹦鹉被一只豚鼠

彼得·查理姆斯·米歇尔爵士（1864—1945）

　　生于苏格兰的查理姆斯·米歇尔，曾就读于牛
津大学比较解剖学专业，1903 至 1935 年期间，他
一直在伦敦动物学会做秘书，在他的指导下，伦敦
动物园发生了很大的变化。1911 年 12 月 30 日，
他在《利兹信使报》发文称："我们正在一点一点
地取代那些旧的、不卫生的、阴暗或者被火烘烤得
过热的动物棚圈，还有栅栏结构的建筑。不再把动
物圈养在暗无天日的监狱里，有些可能还养在混凝
土结构的露天棚圈中，周围设有一圈'防护沟'。"
查理姆斯·米歇尔是一个坚定的环保主义者，受到
美国布朗克斯动物园之旅的启发，他在贝德福德郡
创办了一个动物保护中心——惠普斯奈德动物园
（Whipsnade Zoo）。

吓到后，夸张的本能反应逗笑了在场的所有听众：瞬间提高了音调，似乎很是惊慌失措，但当看到蜿蜒的大蛇向它扭动过来时，好像并没有做出任何反应。另一边的印度鹦哥，则被吓得魂飞魄散，大声尖叫着，胡乱向笼子后面飞扑过去。查理姆斯·米歇尔刚把蛇拿走，那只鸟就立刻飞到笼子的栅栏这边来，轻轻地啄他的手指。他由此断定：那只印度鹦哥知道蛇是它的天敌，并且对蛇感到非常恐惧。

他测试的大多数哺乳动物都对蛇的威胁无动于衷，只有豚鼠和大老鼠明显被吓得仓皇逃窜。当那条蛇用它长长的、分叉的红芯去舔一只树蹄兔时，树蹄兔先是向后跳了一下，继而探出脑袋来，好奇地嗅着这只爬行动物，它似乎意识到这条蛇并不好吃，也就不再把它放在心上了。

接下来，查理姆斯·米歇尔拿着那条蛇先后向一只狐猴、一只年幼的僧帽猴和一只狒狒幼崽靠近。那只狐猴是出生在伦敦动物园的，在被带到皇家科学院演讲大厅之前，从没见过蛇，对那条蛇也是视而不见（狐猴的故乡——马达加斯加岛上没有毒蛇，这或许可以解释它为什么会对这条蛇无动于衷）。那只僧帽猴和狒狒，查理姆斯·米歇尔认为，很有可能它们非常小的时候，在来动物园之前，并没有过应对蛇的经历，它们对蛇的反应显然颇具戏剧意味。二者均表现得惊慌失措，马上就把蛇从自己身边拿走了（最新研究发现：一些灵长类动物天生对蛇有种恐惧感，并能够从神经基础的研究层面提供佐证。一只猕猴看到蛇的照片时，它的神经会立刻活跃起来，尽管它此前从未见过蛇）。

转而探讨动物幼崽的毛色和斑纹如何与成年动物区分开来时，查理姆斯·米歇尔讲解道，这可能有助于年幼的它们在生命最脆弱的阶段更好地伪装自己，从食肉动物捕食的罗网中逃出生天。为了进一步验证他的观点，他把一套鸟类标本带到了演讲大厅，其中包括一对来自澳大利亚的摄政园丁鸟，成年雄鸟有着黑金相间的华丽羽毛，而据《曼彻斯特卫报》1912年1月3日报道，幼年时期的它其实是个"衣衫褴褛的寒酸家伙"（幼鸟和雌鸟的毛色往往都不是很显眼，这是有理由的，

狮子一家，公狮子、母狮子，还有它们浑身斑点的幼崽。摘自查理姆斯·米歇尔书中演讲内容的附图

因为只有在交配季节，成熟的雄鸟才需要鲜艳的羽毛来吸引雌鸟的注意，靓丽的外表使它能够在与其他雄鸟的竞争中脱颖而出）。

查理姆斯·米歇尔在屏幕上放映了各种其他小动物和它们父母一起入镜的照片，指出了动物幼崽和成年动物之间的区别。一只浑身斑点的小狮子（很像1937年朱利安·赫胥黎在皇家科学院所做演讲中出现的那个活体标本），而这些斑点在它的父母身上却消失不见了。这些斑点可以帮助小狮子安全地潜藏在一望无垠的非洲大草原上，在斑驳的草影之间成功地隐蔽自己。而一只貘幼崽身上则是黑白条纹状的，跟它那对浑身漆黑的父母完全不同；他认为这些条纹能够帮助貘幼崽很好地隐藏自己的轮廓，使得捕食者很难认出它来。总的来说，童年对年幼的动物来说，是一段非常危险的时期，它们需要获得尽可能多的帮助才能度过这一阶段，成功活到成年期。正如查理姆斯·米歇尔

所言："生命的游戏，就是一场藏身与猎捕的角逐。"

彼得·查理姆斯·米歇尔
爵士

外敌入侵预警

1911 年夏天，查理姆斯·米歇尔圣诞讲座的同年，数以百万计的昆虫席卷了纽约城，这一大群有着红眼睛和黄翅膀的虫子无孔不入，它们集体发出的噪声更是搅得人不得安宁。这些蝉正是那些在地底下深埋了 17 年的虫蛹，经历了漫长而悄无声息的童年，它们终于长大成蝉。讲座上，查理姆斯·米歇尔预测：纽约下一次遭受同样的蝉灾，将会是在 17 年后的 1928 年。事实上他的确是对的，那一年的《农业年鉴》所述与他发表的观点异曲同工。

这突如其来的虫灾激起了民众的恐慌，尽管《农业年鉴》的记者再三强调，蝉并非一种深具破坏力的害虫。事实上，到了 1928 年，人们关心的不是虫灾，而是这些蝉是否有灭绝的可能，因为它们的栖息地上新的大厦一栋栋地建起，大地被水泥或砖土封印，它们再也没有出头之日。"如果这个进程最终造成了蝉的绝迹，"报道称，"那么这一世界昆虫奇观，会步渡渡鸟和大海雀的后尘，彻底消失在我们这个时空里。"

第二章
生物群落

约翰·亚瑟·汤姆逊爵士

（Sir John Arthur Thomson）

1920

生命像一条河水不时会漫过堤岸的河

流。没有任何东西会无故消失，万事万

物都在流转中。

不可思议的自然探索之旅

---

1. 春季的日照量和比林斯门鱼市上供应的马鲛鱼之间有什么样的联系呢？
2. 世界上最美丽的摇篮是什么？
3. 海洋深处的动物到底是从哪里来的呢？
4. 最后一个要征服的生物群落是什么？

　　"生命像一条河水不时会漫过堤岸的河流。"汤姆逊在他的讲座中提到了这样一句话，用来描述生物是如何从深海之渊到高山之巅，从南极到北极，从地球的这一端向那一端蔓延扩张的。"有人可能会说，陆地上和海洋里，生命无处不在。"

他说，"但了解地球上的六大生物群落是非常有意义的。"

　　汤姆逊提到的第一个栖息着生物群落的地方，对很多人来说都很熟悉——海滨——但人们对此仍然有许多惊讶之处。北极熊在这里捕猎，海象在这里晒太阳，海蛇和海龟每年都会来此产卵，这里也是那些长相奇特的琵琶鱼的家园。它们在浅海海床灵活地摆动着自己的鱼鳍，额头前方挂

讲座安排表（封面）

着一个颇具诱惑力，且不断生长的诱饵，其看上去像一个蠕动的大肉虫，吸引着其他鱼类自投罗网地钻进它张开的血盆大口里（深海中还有类似的鱼类，通过在黑暗中发光诱惑不明所以的猎物）。提到它时，汤姆逊指出，这是一条"用自带钓竿捕鱼"的鱼。

但是，对生物的繁殖而言，海岸是一个环境恶劣的地方。"那一定是个奇妙而热闹的栖身之所，"他说，"但绝没人敢说在那里生活能有多惬意。"每天都要应付海浪和风暴的侵袭，必须时刻面对被水淹没的困顿，在汹涌的洪流中谋求生存，继而还要被暴露在干燥的空气中。同时，这儿还是一个拥挤的地方，挤满了各种各样的物种。"这儿几乎包罗了每一种生物。"汤姆逊说。

随着我们的主讲人逐渐深入这第一个生物群落，他那转换注意力和讲故事的极大天赋得到了充分的发挥。片刻之后，他又开始研究生物个体微妙迷人的细节特征——黑雁从水中过滤出食物时，总是优雅地踢一踢自己毛茸茸的细腿；而螃蟹呢，习惯用海绵碎片和海草来伪装自己坚硬的外壳。接着，他退后一步，画出了一幅很大的海岸众生图，进一步说明这些生物是如何相互影响、相互竞争的。

然后，他又投入到远海群落的讲解中，"新年第一天讲这样一个主题也还不赖"。1921 年 1 月 1 日，他就这样开始了自己的第二场讲座。"我们可能会经常这样祝福彼此，可以遨游在更为广阔的海洋里，一个没有岩石、冰山困扰的宽广海域，扎入无边的自由之地。"比起拥挤无常的海岸，生活在开阔的海洋里，生存斗争的压力要小得多。

为了向他的听众介绍这一生物群落，汤姆逊在屏幕上放映了一组被他称为"浮动的海草场"的图片，大片海域内布满了微小的藻类（现今通常被称为浮游植物群落）。"这儿所有的其他生物都是依赖它们生存的，"他说，这帮他顺理成章地引出一个令人意想不到的关联，"春季三个月的日照量和比林斯门（Billingsgate）鱼市上供应的马鲛鱼之间有什么样的联系呢？" 他问，继而解释道：马鲛鱼是以桡足类（微甲壳纲动物）为食的，桡足类又是以浮游植物为食的，这些浮游植物主要运用体内的叶绿素将阳光转化为自身所需的能量。因此，阳光越充沛，马鲛鱼生长所需的"海水汤汁"就越丰富。"世界就是这样运转起来的。"汤姆逊说，"没有任何东西会无故消失，万事万物都在流转中。"

远海中生存的动物，它们的一生不是自主游行，就是随波逐流，正如汤姆逊所言，这可不是一个休息场所。这些游泳健将中有海蛇、鲱鱼、鱿鱼，还有海洋哺乳动物，他用"具有非常强健的身体素质"来描述它们，这是他表明它们方方面面都能很好地适应海洋生活的说法。他显然很欣赏鲸鱼，"所有鲸鱼对自己的处境都十分了解，它们必须要跻身于远海的征服者之列。"他说。它们的身体是流线型的，能够高度适应水生生活，它们有厚厚的鲸脂保持体温，利用嘴里那些细密的须毛过滤出水中的小动物，就是人们常说的鲸须（通常用来制作女性的紧身胸衣）。"这对鲸鱼来说是不幸的，"汤姆逊说，"人类很早就发现鲸须和鲸脂对他们的价值了。"汤姆逊开设讲座那时，商业捕鲸仍然在如火如荼地进行着，他指出，由于现代化渔船和鱼叉，"这个有趣的动物正快速地从海洋中消失"。

讲到漂流生存的海洋生物时，汤姆逊详细描述了一种名为纸鹦鹉螺（或船蛸）的头足纲生物，一种不常见的小章鱼，这成功地引起了听众的兴趣。它们身上最令人称奇的事情是，他说，雌性有着"世界上最美丽的摇篮"，用来携带和保护自己的卵。他生动地描述了这只小章鱼从两只腕足端部的膜网中分泌出一层碳酸钙躯壳的过程（他说船蛸是缩进它们的壳里在海面上漂流的，但我们现在都很

纸鹦鹉螺

清楚，它们其实是利用身体向外吐出气体产生的冲力，灵活地在水下游动的）。另一种海洋软体动物是有着紫色外壳的蜗牛，它能分泌出一种泡状的浮球，从而让自己漂浮在海面上。

从远海浅水区向下潜游，汤姆逊开始带领我们探索海洋深处的生命奇观，在他演讲前的几十年里，人们普遍认为深海中是没有生物的。不过，科学家们开始具体研究这一人迹罕至的生物群落时，如19世纪70年代挑战者号皇家海洋军舰进行的开创性的探险，他们用拖网和清淤器从深海中打捞出了很多非比寻常的野生生物。科学家们在平均深度约2.5英里（4千米）的深海海域，以及深度超过6英里（9.7千米）的"深渊"中进行取样研究，深渊探索研究是非常具有挑战性的。"没有人见过它。"汤姆逊说（那应该是人们进入深海海域进行生物探究前的又一个十年，我们将在朱利安·赫胥黎的圣诞讲座中了解到）。"最重要的是，对生物而言，没有什么深渊是深得无法存活的。"他说。

这个生物群落会给生物带来一系列独特的挑战，在汤姆逊看来，"这是一个暗黑深沉、寒冷平静，而又寂静单调的世界"。

缺乏阳光，意味着没有植物，食物很难供给，很多动物都习惯于彼此吞食，吞下出现在自己眼前的一切，不管多大。一些深海鱼类就

约翰·亚瑟·汤姆逊爵士（1861—1933）

出生于东洛锡安区索尔顿的约翰·亚瑟·汤姆逊爵士，是一位博物学家和软珊瑚研究专家。1893至1899年期间，他在爱丁堡大学任教，后来，直到1930年退休，他都在格拉斯哥大学担任自然史学教授。他是一位杰出的科普作家，写过很多书，其中包括《性的进化》（1889）、《科学与宗教》（1925）和《科学概要：一个简单的故事》（1922）。

只是"一张嘴和一个胃"而已。他解释道，唯一的其他食物来源就是动植物的尸体，包括浮游生物，从上面"像冬夜里的雪花一样平静坠落下来"的东西（20世纪晚期，深海生物的另一个重要的食物来源被发现，那就是无须通过太阳能转化，而是通过化学能转化获得能量的细菌，这一过程就是所谓的化学合成）。汤姆逊向他的听众描述了这些在地球上其他地方从来没有被发现过的深海海洋生物，比如海百合，海星的近亲，栖居在很大的海床上，"像湖边的水仙花"。虽然阳光无法到达海洋深处，但实际上，那儿并不是完全黑暗的。

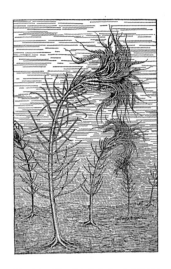

通过化学反应，很多鱼类、珊瑚、甲壳纲动物和水母都能够发光，用它们自身发的光在海洋深处进行沟通、寻找猎物，警告并吓走敌人。汤姆逊将之想象成这样一幅景象："在一片漆黑的海洋深处，它们如通体微蓝的幽灵般出现，像在一个没有月亮的夜晚，黑暗的浓雾中点亮的一盏电灯。"

海百合（海百合类）生长于深海海域

有一样在其他任何地方都很常见的东西，海洋深处却没有，汤姆逊告诉听众这个生物区域几乎没有细菌，"那就意味着那里也没有腐烂"（事实上，深海中到处爬满了细菌，只不过，要把这些细菌活体从海洋深处带到海面上来需要特殊的技术支持，现在科学家正在积极研究这些细菌，从而发现不寻常的分子，包括潜在的新型抗生素）。

"海洋深处的动物到底是从哪里来的呢？"汤姆逊问，在他看来，生命很有可能起源于海岸附近的浅海区，然后从那里蔓延开来。他提出，海岸生物群落的动物可能逐渐迁移到了海洋深处，同时还带来了漂浮的食物（虽然生命的确是首先在海洋中孕育进化的，但目前尚不清楚究竟起源于何处；最新理论表明生命起源于深海热液喷口，生态系统直到 1977 年才被发现）。

离开深海生命区域，汤姆逊接着把注意力转向了淡水区，从较深的湖泊到小池塘，到"大河和潺潺的溪流，湍急的洪流和流动缓慢的细流"。这些淡水河流对地球表面的覆盖率还不及 1%，但却容纳了大量种类丰富的生命。

淡水区域的生物群落是动态且不断转移变化的，这个领域内的很多栖息者总是来了又走，淡水水域的生活只是它们生命的一部分。鳗鱼在大西洋中部的马尾藻海域产卵，这些卵将会随洋流迁移到众多河流和湖泊中，在那里汲取营养，并逐渐长大，鲑鱼们每年都会在海洋和淡水湖泊之间进行大规模的迁徙。汤姆逊将一只几英尺长的小海牛，也有可能是成年海牛的填充体标本带到了皇家科学院的讲堂。他对年轻的听众说，这是一种典型的沿海动物，但它却要溯游到很远很远的淡水河里，比如，如今我们在佛罗里达州的大沼泽地里发现了它。但是这一波动的生物领域同样也带来了危险，池塘和湖泊总有会干涸的风险，尤其是在气候温暖的国家。为了克服这一挑战，动物也进化出了能够避开干旱时间的策略，汤姆逊以一种来自非洲热带河流的奇怪"泥鱼"（现在我们将之称为肺鱼）为例对此进行详细讲述，当河流的水位变得很低时，它们会在变干变硬的泥浆中挖出一个洞，然后舒服地躺在里面，直到雨季的最终来临。裹在淤泥里的鱼被带到了英国，甚至可能几个月后才会醒来。"一条真正离开了水的鱼啊！"汤姆逊开玩笑道。另一个大风险——尤其在河流里——是洪水泛滥，一些淡水动物，如水蛭和昆虫的幼虫，有吸盘和夹持结构，能够防止自己在大暴雨后被洪水冲走。

汤姆逊继而深入思考：动物究竟是如何在淡水中生存的。他详述了沿岸生物可能会慢慢地向河流上方迁徙，远离潮汐的影响。也有些动物会从淡水迁徙到陆地，比如水蜘蛛，汤姆逊绘声绘色地描述了一只雌蜘蛛在池塘底部吐丝结网，并用丝线固定住它，从其表面填充空气，将其粘连在自己身体表面的绒毛上。然后，只要它的网充满了空气，它就能把卵安全放置在里面。"这只蜘蛛，"汤姆逊解释道，"发现了一个空荡的角落——一个充满机遇的、空洞的小角落——当然也充满了挑战，但却能为它们带来食物供给和护己周全的新机会。"

接下来，让我们把自己擦干，来探索汤姆逊所说的第五个生物群落，继续水生动物开始第三次大规模入侵陆地的故事，自此才有了我们今天所知道的地球上色彩纷呈的生命。

首先着陆的是蠕虫。"很长一段时间，它们拥有整个国度，没有任何天敌。"他说，这些蠕虫通过食用和分解同样迁徙到陆地上的简单植物，在形成肥沃土壤的过程中，有助于为其他生物创造更好的生存条件。蠕虫是节肢动物，是"脚足类"动物，汤姆逊向大家介绍了栉蚕（也被称为天鹅绒虫，它们生存的足迹遍布世界各地，特别是在热带雨林中，现在被普遍认为是节肢动物的近亲），"一个好看的五彩软体动物，形状像虫子，但有着简单粗短的四肢"，他说。从它们这里可以看到远古时代节肢动物长什么样子。参与第二次大入侵的节肢类动物包括：蜈蚣、千足虫、蜘蛛，以及很快和植物形成伙伴关系，在花丛中传播花粉的昆虫（苏·哈特利的圣诞讲座中，我们将会听到更多关于动植物之间关系的讲解）。

紧接着，在泥盆纪末期（大约 3.5 亿年前），两栖动物出现了，最终进化出了爬行动物、鸟类和哺乳动物（一系列引人注目的化石的

第二章　生物群落

一条天鹅绒虫（栉蚕）。摘自汤姆逊所撰之书

发现，揭示了特定的鱼类如何进化到陆生生物，后来又如何逐渐进化成了陆地上现存的所有四足动物、有四肢的脊椎动物，包括人）。这次大规模的入侵仍在继续，汤姆逊说道，他展示了一条名为弹涂鱼的鱼标本，它花费了好一番力气离开水，爬到红树林的根和树干上去。植物给了动物诸多好处，他说，包括提供树干让它们往上爬，树栖生活方式将"开启它们运动、给养或巢居等方面新的可能性"，各种各样的动物都在遵循这一法则，从绿色敏捷的树蛇，到螃蟹、昆虫、猴子和鸟类。在他关于入侵的故事结尾，汤姆逊引导我们看到了他最后一场演讲完美的起点，而我们也会像在树梢上跳跃的动物一样，遵循这一法则。

"最后一个要征服的生物群落，就是空中。"汤姆逊说。飞行是逃离猎食者捕食的一种手段，他解释道：想象一只猫，正在盯着空中飞行的一只它够不着的麻雀，但这也带来了，他说，"一个距离的消灭和季节性的淡化"。鸟类的栖居地和觅食地之间相去甚远，要长途跋涉才能到达，并且通常都在地球上比较遥远的地方，但夏威夷金鸻似乎不假思索就启程去阿拉斯加了。

汤姆逊介绍了四组飞行的动物：昆虫、鸟类、蝙蝠和"会飞的恐龙"——早已绝迹的翼龙（今称翼龙）。它们各有各的飞行方式、振翅方式、在空中盘旋的方式。"还有些动物努力地想要飞翔，但却，"他说，"只能堂而皇之地败北。" 会飞的鱼其实并不会飞，但它能一跃升空，不通过拍打它们的"翅膀"，也能滑翔，它们的"翅膀"由宽阔的尾鳍替代。有一种脚趾之间有膜网的蹼树蛙，还有一种会飞的卷尾袋鼠（也被称为飞行狐猴），它们的前足和后足之间有一片可拉伸的皮膜；它们能从树上跳下来，沿着树干滑翔，并且内置降落伞辅助着陆（我们将在理查德·道金斯的讲座中了解到更多关于翅膀演化的知识）。

鼓肚蜘蛛的飞行之旅。摘自汤姆逊所撰之书

结束演讲时，汤姆逊又详细讲解了一种有着勤奋、尝试，或者说反叛、冒险品质的动物，自此，我们完成了对所有生物群落的探索。还有鼓肚蜘蛛，不用翅膀就能飞行的陆生生物，每当秋季来临，它们都会爬上门柱或是高大的植物茎秆，然后喷射出长长的丝线，适时地御风飞行，把自己带向远方，或许能去一个有更多空间和食物的地方。蜘蛛努力尝试显然无法完成的飞行梦想，并且最终实现了。汤姆逊总结道："这让我们充满了在人生旅程中乘风破浪时，所激发出的合理的怀疑精神。"

 摘自档案

1921年1月，随着汤姆逊讲座的放送，《伦敦新闻画报》出版了

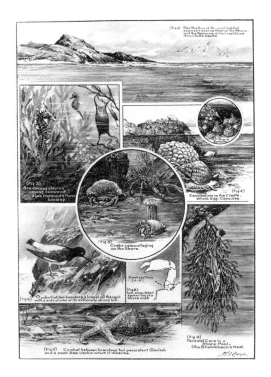

海岸群落图

那些特别委托的插画，那些描绘了六大生物群落的美丽插画。

图片 1：日照量充沛、水草丰富的浅海海岸，以及通向海洋深处的陆地大斜坡；

图片 2：圆锥藤壶；

图片 3：海马在海草和悬吊的"人鱼钱包"间嬉戏；

图片 4：大海螺卵堆中同类相食的画面；

图片 5：海岸边正在伪装自己的螃蟹；

图片 6：一个贝类捕食者正在一块岩石的坡面费尽气力地磕开一个

帽贝；

　　图片7：无脑但却很能耗的海星和一个没有任何防备的小海胆之间的较量；

　　图片8：沙滩蟹自我修复的断螯；

　　图片9：浅海湾刺鱼巢穴中父母的关爱。

第三章

论昆虫的习性

弗朗西斯·巴尔弗 – 布朗

（Francis Balfour–Browne）

1924

每一个池塘平静的外表之下，都暗流涌

动，为了生存而进行的无情斗争，无时

无刻不在上演。

不可思议的自然探索之旅

1. 两个不同的物种如何相安无事地共享一个池塘？
2. 干涉自然法则的后果是什么？
3. 如何恢复自然平衡？

"对很多人来说，收集昆虫这种爱好仅仅是一种'发病概率'，就像麻疹一样。"于是，巴尔弗－布朗关于奇异的昆虫世界的第一次圣诞讲座，就这样开始了。"他们接到别人的投诉之后，通常会恢复正常。"他说。但是有些人，包括巴尔弗－布朗本人，永远也无法克服这种"疾病"。在演讲过程中，他希望他的一些听众能够屈从于昆虫和收集昆虫这件事情本身的魅力。

《曼彻斯特卫报》的一位记者第二天报道说，在他第一场讲座期间，他面前的桌子上摆着一个水族箱，里面装着的水生甲虫"四处乱爬"。这些大而黑亮的甲虫，是巴尔弗－布朗最了解的昆虫，

ROYAL INSTITUTION
of
GREAT BRITAIN
21 ALBEMARLE STREET, W.1

CHRISTMAS LECTURES
ADAPTED TO A JUVENILE
AUDITORY
FOUNDED BY FARADAY
NINETY-NINTH COURSE OF SIX EXPERIMENTAL LECTURES

CONCERNING
THE HABITS OF INSECTS
BY
FRANK BALFOUR BROWNE
M.A. F.R.S.E. F.Z.S. F.E.S. M.R.I.
Lecturer in Zoology (Entomology), University of Cambridge

(I) INSECT COLLECTING AND WHAT IT LEADS TO
(II) THE HABITS OF BEES AND WASPS
(III) THE HABITS OF CATERPILLARS
(IV) THE HABITS OF THE DRAGONFLY
(V) THE HABITS OF THE WATER-BEETLE
(VI) THE HABITS OF INSECTS AND
THE WORK OF MAN

(I) SATURDAY, DECEMBER 27   (IV) SATURDAY, JANUARY 3
(II) TUESDAY, DECEMBER 30   (V) TUESDAY, JANUARY 6
(III) THURSDAY, JANUARY 1   (VI) THURSDAY, JANUARY 8

SUBSCRIPTION ONE GUINEA; JUVENILES (AGE 10–16),
HALF-A-GUINEA.

LECTURE HOUR 3 O'CLOCK

[TURN OVER

讲座安排表（封面）

他在全英国范围内对它们进行了搜寻，总共找到了约莫 350 种。这一研究过程带给他的不仅仅是对甲虫生活习性的了解，也更为广泛地拓宽了他对生物世界的了解。

他向听众介绍了生态群落的概念，其重点在于：不同物种通过不同的生活习性从而互利共存。他详细描述了一个池塘的生态群落，在那里，吱吱虫（一种会发声的水生甲虫）生活在底部细腻的淤泥层，大型潜水甲虫则栖息在杂草中间，很少钻到淤泥里去——这样，两个物种就可以相安无事地共享一个池塘，不会妨碍到彼此了。

早在人为气候变化理论被公认之前，提前对社会大众进行概念的普及，有效促进了所谓"平民科学家"数据的收集，巴尔弗 - 布朗倡议利用业余昆虫收集来记录生态系统的变化。通过绘制出某些水生昆虫在特定时间会栖居的地点，以及它们所处的栖息地——从潮间带水塘到泥炭沼泽——他指出，自上个冰河期以来，欧洲大陆的生物物种一直在向北迁移，气温也在不断上升，与此同时，其他喜欢阴冷环境的物种也已经在向西和向北迁移了。昆虫收集不仅能够让我们了解未知的过去，他说，"它们在将来也会有用"。因为研究表明，记录昆虫物种的分布区域将有助于科学家跟踪了解随着气候持续变暖，生态系统是如何变化和反应的。

在他接下来的四场讲座中，巴尔弗 - 布朗每次分别重点讲解了一个特定的昆虫种群，首先是蜜蜂和黄蜂（它们属于被称为膜翅目的昆虫种群），很多蜂种都是群居的，一起生活在蜂巢里，但是巴尔弗 - 布朗将重点放在了那些独来独往的蜂种上。他告诉听众，他为了研究独居蜜蜂和生活在剑桥大学他那小花园里的黄蜂，专门搭

建了"蜜蜂墙"，那是他用
每一个洞孔中都嵌入的一截
短玻璃管的通风砖（类似今
天花园中央出售的"蜜蜂盒
子"里使用的创意，不过那
些盒子里并没有装玻璃管，
这是巴尔弗－布朗特意加在

蜂巢

里面的，这样他就可以小心地把它们拉出来，检查里面发生了什么）
搭建的。

　　一个普通游客造访了巴尔弗－布朗的这面"蜜蜂墙"，它是一只
红色壁蜂。"这只壁蜂让人想起了一只小型的蜜蜂。"他说（如今，"野
蜂"更多是用来称呼大黄蜂的）。它有着浓密的红棕色茸毛，在春天，
雌性红色壁蜂会独占砖洞内的玻璃管，然后开始在里面忙着建造蜂墙，
一口一口含运土壤建造。接着它们会飞出去寻找花朵，带回花粉和花
蜜，它们在产出一个蜂卵之前，会先将这些花粉和花蜜注入玻璃管中，
然后再用更多的土壤把它们封存起来。母蜂不断重复着这个过程，在
玻璃管里装满越来越多的土壤、花蜜和蜂卵，10 天之后，蜜蜂幼虫就
会孵化出来，开始吞食母蜂留下的食物。这些成长中的幼虫起初只是
蠕动的小虫子，接着它们会把自己包裹在一个丝茧里，形成一个蜂蛹，
继而，是一个开始有点成年蜜蜂模样的、长着细腿的白色生物。到了
秋天，它们会做最后一次蜕变，咬破自己育幼室的泥墙，成为一只成
年蜜蜂飞出来，在仔细观察这道蜜蜂墙长达几个月之后，巴尔弗－布
朗了解了这全部的过程。

一种用玻璃管展示蜂巢（顶部）的"蜜蜂墙"，巴尔弗－布朗研究独居蜜蜂和黄蜂用的。一些造访他这面蜂墙（底部）的蜜蜂包括红色壁蜂（1）、苜蓿切叶蜂（2）、光条蜂（3）和布谷鸟蜂（4、5）

　　各种品类的独居黄蜂也造访了这道蜂墙，蜜蜂和黄蜂之间的主要区别在于幼虫的食物，雌性黄蜂不是用花粉和花蜜，而是用蜘蛛、毛毛虫和苍蝇来筑巢的。母蜂们叮咬猎物并使其麻痹，从而让它们一直活着且保持新鲜，同时保证它们不能爬行或飞走。"这是另一个例子，"巴尔弗－布朗说，"相似的物种在同一个封闭空间中共存。在这个案例中，蜜蜂和黄蜂能够和平共处，是因为它们没有竞争同样的食物：蜜蜂是素食者，而黄蜂是肉食者。"

　　毛毛虫，他第三场昆虫讲座的主题，一直被有些人描述为"软垫蠕虫"。"它们当然不是蠕虫，"巴尔弗－布朗指出，"它们是蝴蝶和蛾的幼虫阶段。"他并没有把注意力集中在五颜六色的成虫身上，而是把更多的精力都放到了这些年幼个体的研究上，尤其是它们的唾液。"毛毛虫制造出来的这些丝线，是唾液腺的一种产物，"他说，它是一种一旦接触空气就会凝结成固体的液体，毛毛虫能大量分泌这种液体，"所有这些产丝的毛毛虫都在不停地吐口水。"（苏·哈特利在她的演讲中探讨了毛毛虫吐口水的化学奇迹。）

弗朗西斯·巴尔弗 – 布朗（1874—1967）

就是人们所熟知的弗兰克，或是昵称 B–B。弗朗西斯·巴尔弗 – 布朗出生于伦敦，在牛津大学修习植物学专业。在法学界短暂地工作了一段时间之后，他又回到牛津大学学修动物学，并且成为一名水生甲虫专家。1902 年，他成为英国第一个淡水研究站——位于诺福克的萨顿·博德实验室的主任。巴尔弗 – 布朗在贝尔法斯特女王学院任教了几年，后来，1913 年又搬到了剑桥大学，1925 年，他开始在伦敦帝国学院担任昆虫学客座教授，直到1930 年退休，他一直都在潜心研究他钟爱的水生甲虫。他至今仍被巴尔弗 – 布朗俱乐部——一个国际水生甲虫保护信托基金会铭记。

当它们向前运动的时候，丝线从位于它们下唇的喷丝板流出，形成一条细线。毛毛虫的丝线有很多种不同的用途。"当毛毛虫进食的时候，"巴尔弗－布朗说，"渗出的唾液会被它同食物一起吞食下去，并帮助其消化。"毛毛虫通常会用丝线网覆植物，以便它们在吃叶子的时候给自己一个立足点。他描述了小巢蛾的毛毛虫是如何在树篱之间缠网的，直到它看起来像细布条一样，被悬挂起来晾干为止。

"所有的毛毛虫都会面临从植物上掉下来的危险。"巴尔弗－布朗说，"它们可能需要漫长而疲惫的蠕行才能重新回到进食的地方。"这条丝线轨迹也就成了一条生命线，就像登山者使用的攀爬绳索一样，毛毛虫可以轻松地再爬回上面。它们的喷丝板上甚至还有一个制动系统，以防止它们坠落，毛毛虫在四处蠕行寻找食物后，丝线的轨迹也能帮助它们找到回家的路。

顺着这些丝线和网，巴尔弗－布朗追溯到了丝质"避难所"的发展历程，那是毛毛虫通过将一些小木棍、叶柄、地衣和草叶黏合在一起造出来的。他认出了随身携带着奇怪"避难所"的、来自巴西的吊床蛾，它们的避难所会随着它们的长大而逐渐变大。"这种结构是由毛毛虫的排泄物颗粒与丝线黏合在一起形成的。"他说。

正如《观察者》报刊 1925 年 1 月 4 日报道的一篇文章写到的，巴尔弗－布朗扮演了"蜻蜓若虫之家的养父母"这一极具耐心的角色。17 年前，那时的他还住在诺福克－博德，演讲者向他年轻的听众讲述了自己是如何培养出 175 只蜻蜓若虫的（它们是水栖幼虫），他从沼泽地将这些虫卵收集回来，把它们每一个都单独放在一个装着水的玻璃管里，然后孵化成虫。

在他开展讲座的那个年代，蜻蜓的生命周期是鲜为人知的，巴尔弗 - 布朗煞费苦心地填补了很多重要细节。"每隔半个月，我都会抽出一天时间，来逐个测量这些若虫的生命体征。"他说，"一大早就开始观察，一直持续到深夜。"

巴尔弗 - 布朗从自己的诸多研究中，找到了一个可能的理论模型来解释这一显著的现象——数百万只蜻蜓成虫在空中飞舞，或是在树木之间装饰出了闪闪发光的帘幕——他将之称为"蜻蜓风暴"。"正是这些零星成群的蜻蜓，"他说，"也许在这个温和的冬天过后，就会侵袭南美洲和黑尔戈兰岛——北海（荷兰人命名的）的一个小群岛。"在他的居家实验中，巴尔弗 - 布朗用温暖的孵化器保育一些若虫度过寒冬，结果发现，仅仅 10 个月之后它们就成年了，至少比放在外面培育的若虫要早一年。暖冬里，自然环境下的野生若虫也能加速它们的成长进程，跟早两代或三代的成虫们同时出现，聚集在一起形成一大群蜻蜓。

《观察者》第二天刊出的一篇文章报道，听众很喜欢巴尔弗 - 布朗对蜻蜓若虫的那段描述，再现它们如何"撕开自己的壳，开始它们的'处女航'，自由而骄傲地在空中飞行着"。

接下来，巴尔弗 - 布朗开始把注意力转向水生甲虫的研究上，这个他穷尽毕生心力探索研究的昆虫种群。《曼彻斯特卫报》的一位记者 1925 年 1 月 7 日说："这次讲座的亮点是，其中没有任何内容是从书上搬运过来的二手货。如果布朗先生是在追踪拉普兰的小甲虫或银甲虫的生命史，那么他非常准确地描述了自己在一系列极其微妙而艰难的观察中发现的问题。"

巴尔弗 – 布朗对自己如何研究小池塘中的水生甲虫做出了详细的讲解，这些小池塘是他自己将木桶锯成两半做成的环境模型，他在里面放入了一种他从斯凯和埃格群岛上收集来的非常稀有的甲虫，那是苏格兰西海岸附近的一座群岛。

一个月后，没有任何生命迹象，他甚至觉得它们死了或是逃走了，但当他把"池塘"倒空之后，发现甲虫全都埋在底部的淤泥里，这才意识到它们实际上是在冬眠。3 月份，当他的甲虫醒来时，

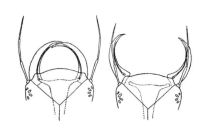

水生甲虫幼虫头部示意图

他观察到雌性甲虫在水生植物上钻洞产卵，那卵迟早会孵化出贪婪的幼虫。幼虫用它们可怕的尖颚捕捉猎物，在这些猎物体内注入消化酶，并通过嘴里的管子将汁液吸取出来，最后只留下猎物空荡荡、皱巴巴的躯壳。

水生甲虫幼虫摄食习性图。
吃一个池塘蜗牛（左）和吃另一个幼虫（右）

他给出了一个更大的银甲虫的进食示意图，它有一种特殊的下巴，能够充当撬壳器，撬开池塘蜗牛的壳。"大龙虱幼虫是互食的，"他说，"它们绝不会相互尊重，将四只幼虫放到一个大浴缸里，很快浴缸里就会只剩一只。"

巴尔弗－布朗用一部水生甲虫幼虫吃蝌蚪的影像资料，成功吸引了听众的注意。正如《曼彻斯特卫报》记者所报道的那样，"这给了人们一种生动直观的印象，即幼虫在一群无辜的蝌蚪中捕猎、嬉戏时的那种活力和凶猛。这幅图片揭示了，每一个池塘平静的外表之下，都暗流涌动，为了生存而进行的无情斗争，无时无刻不在上演"。

巴尔弗－布朗就昆虫对人类世界的影响，结束了他的系列讲座，它们提供了有用的产物——丝线、蜂蜜（尤其是在人们大量饮用蜂蜜水的年代）、胭脂染料和用来制作漆器和乙烯基唱片的紫胶（如今，甚至有人说，将来昆虫会是富含蛋白质的食物）。昆虫也会对人类的健康和农业产生影响，巴尔弗－布朗给出了几个对昆虫生命周期和栖居地的了解帮助解决实际问题的案例。

例如，到 20 世纪末，人类发现了吸血蚊子与疟疾和黄热病传播之间的联系，随后便采取措施，通过针对蚊子特定生命阶段来防治这些疾病，这些蚊子是一群有水生幼虫生命阶段的飞虫。在古巴的首都哈瓦那，一个声名狼藉的黄热病多发地区，1900 年曾开展过一次旨在消灭能繁殖成蚊子的水生幼虫的运动，包括封闭排水沟和开放的"大型育虫容器"。水坑要么填满，要么覆上油，形成一层蚊子幼虫无法用它们的呼吸管刺穿的厚膜，有效地将它们扼杀在摇篮之中。正是这些措施的普及，才有效地控制了黄热病疫情的暴发。

对昆虫的了解也能帮助保护农作物免受害虫的侵害，早播或晚播可以避开昆虫数量最多的时段，特别是饥饿的食叶毛毛虫。巴尔弗－布朗说，"在埃及，棉花由于停止灌溉而提前成熟，因此就可以在蛾的幼虫来袭之前收获作物，就是人们所熟知的会造成严重损失的红色铃虫。对昆虫的研究还可以让我们了解害虫物种的'饮食喜好'，通过在一种作物丛中间种植一排害虫喜欢吃的植物，即所谓的'圈套作物'，来避免收成的损失"。

"只有当'自然平衡'被打破时，昆虫比例才会失调，暴发严重的虫灾。"巴尔弗－布朗说，"问题是，现代人总是在干涉自然法则。"人们破坏野生生物栖息地，取而代之的是大片的农作物，这些作物为昆虫提供了大量的食物，从而造成它们数量的激增。"如果给大自然时间，她毋庸置疑是会恢复平衡的。"他说，"但是只要人们继续耕种土地，大自然就不会有恢复平衡的机会。"巴尔弗－布朗还跟他的听众说起了一项在法国果园进行的实验，目的是消灭毁坏花朵、减少收成的苹果花象鼻虫。受到感染的花朵被从树上摘下来，放进能够捕捉象鼻虫的网箱里，这些网箱同时允许寄生在害虫身上的、更小的昆虫飞进飞出。经过10年的防范，随着天然寄生虫数量的攀升，这些象鼻虫得到了可控范围内的遏制（我们将在苏·哈特利的讲座中了解到更多关于昆虫寄生虫的知识）。

看上去相当不满，但巴尔弗－布朗承认，越来越多的专家被雇用为"经济昆虫专家"，来帮助控制害虫。"我很遗憾有人会以昆虫学为生。"他说。在他的观念里，这种研究不应该由商业利益驱动。"对昆虫的研究能够自我供输，"他说，"不管它看起来有多么无用，光是对它的兴趣就能报答这个学者，这就是科学人的精神。"

第四章
珍稀动物及野生生物的灭绝

朱利安·赫胥黎爵士

（Sir Julian Huxley）

1937

一些勇敢无畏的动物长途跋涉，从大陆

飞过来或漂游至此，最终在加拉帕戈斯

群岛上与世隔绝。

不可思议的自然探索之旅

1. 斑点狮身上一直有斑点吗?
2. 当物种在岛屿上与世隔绝时，会发生变异吗?
3. 有史以来最深的潜水纪录是多深?
4. 最不同寻常的物种灭绝是什么?

赫胥黎第一场演讲的明星嘉宾无疑是一只 8 个月大的狮子幼崽，名叫麦克斯，全国各地的报刊均争相报道这位不同寻常的访客，它在聚光灯下明显感觉到非常不舒服。《每日电讯报》1937 年 12 月 29 日的一篇报道这样写道："孩子们就那样屏息静寂地端坐着……"赫胥黎提前交代过听众不要鼓掌，"它的脾气不太好"，他警告道。

小狮子造访演讲大厅的主要原因，是展示它腹部的斑点。赫胥黎向听众讲述了一些动物学家对这种斑点狮的看法，他们说这是肯尼亚山区罕见的变种，那些斑点能够帮助它们在山林中隐藏自己，年幼的狮子，像麦克斯这样，通常都有斑点，然后随着它们逐渐长大，这些斑点也会逐渐消失。可能也有狮子一直保留着自己的斑点，赫胥黎提出，但没有一只活体被发现过（至今还没有被目击证实）。小狮子就像一只淘气的小狗，屈起两条后腿蹲坐着，在光滑的地板上滑行，在饲养员的引导下向前滑动，一有机会，麦克斯就迅速逃向门口，想要溜之大吉。

　　赫胥黎继续介绍着各种各样令人称奇的珍稀动物，大厅里听众的情绪也越来越高亢，这些动物都是从伦敦动物园借来的。在笼子里拍打着翅膀的是一只大型的猛禽，听众中很多孩子可能从未在野外看到过这种鸟：那是一只来自埃及的红鸢。有人认为，在赫胥黎演讲的那个年代，英国只剩下 4 对繁殖个体了，但情况并不总是如此的，赫胥黎讲道，中世纪时期伦敦屠宰场外面，经常能看到红鸢在捡食动物内脏，可在最近这些年，它们几乎被消灭殆尽了，因为人们到处搜罗它们的蛋（在长期的放归计划进程中，英国现有数百对红鸢的繁殖个体）。

　　赫胥黎说，一些动物的稀有缘于它们在世界偏远地区的隔离状态，包括很多岛屿。为了证明这一观点，他从法罗群岛带来了一些比普通家鼠大、长着大耳朵和大后脚、样子奇怪的老鼠（最新基因研究表明，这些老鼠是几百年前被人从英国和斯堪的纳维亚引入的，后来进化成了不同的亚种）。他还带来了一对毛色蓝绿相间的鹦鹉，其中一只是地方特有品种，只生活在加勒比海的圣文森特岛上，头上长着一个明黄色的冠子。另一只来自大陆，没有独特的冠子，这说明当物种在岛屿上与世隔绝时，产生的变异是非常微妙的（如今学界认为，由于森林砍伐和非法捕猎，圣文森特鹦鹉已经濒临灭绝了）。

　　除了动物园的活体动物之外，赫胥黎用一盏神奇的灯笼（就是当时的投影仪）将其他罕见生物的图像投射到了银幕上，引领他的听众从图像上探索加拉帕戈斯群岛。

　　我们看到了海鬣蜥、不会飞的鸬鹚、几十只地雀，还有体形硕大的乌龟。所有这些不寻常的动物，其他地方均无分布，也让查尔斯·达尔文相信：当动物族群分化时，就会进化产生新的物种。这种情况下，一些勇敢无畏的动物长途跋涉，从大陆飞过来或漂游至此，最终在加拉帕戈斯群岛上与世隔绝。

赫胥黎还用幻灯片演绎了那些从未真正存在过，却有一定现实基础的罕见生物。他展示了海蛇的绘本图像，但他告诉听众，我们完全有理由相信那些目击报告，包括来自伦敦动物学会两名研究员的报告。赫胥黎认为，这些人所看到的，其实不是蛇，而是巨型乌贼（现在被称为大王乌贼的软体动物物种）。其他可能性为姥鲨、成群的海豚和细长的带状鱼类（亦称桨鱼），它们能长到36英尺（11米）长，很容易被误认为是一条神秘的海蛇。

他还提到了一个传说，从树上落下来的叶子，用它细微到看不清的腿跑去，被踩踏的时候，还会渗出血来。《苏格兰人报》1937年12月31日报道称："在场的每个人对这个故事都不以为然。""但毫无疑问，"赫胥黎说，"它是以世界上最不寻常的一种生物为现实基础的。"他把一些看起来像树叶的东西放到了幻灯片上。"在火光之下，它们没有蜷曲，足以证明它们的的确确是活物。"《苏格兰人报》的记者这样写道。

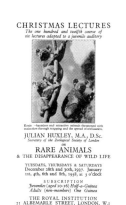

这些叶虫善于伪装自己，这样很多动物就不会费心去吃它们了。

赫胥黎认为，关于龙的传说起源

讲座安排表（封面）

于祖先记忆里已灭绝的冰河时代的野兽，如穴狮和鬣狗。最接近真龙形象的就是世界上最大的蜥蜴——科莫多巨蜥，赫胥黎没有能够从动物园里把它带过来。"它们非常凶猛，很难装进箱子。"他承认，不过，他还是打开了一个箱子，说里面装的是龙骨。事实上，它们是古代三趾马的骨头，在中国被当作"龙骨"出售，制成传统中药，1000 万年前，这些马成群结队地穿越亚洲平原，但却灭绝了，可能是气候变化的原因。

赫胥黎还向他年轻的听众讲述了深海中那些奇怪的"住户"，正如他所揭示的那样，那些鲜为人知的动物因为生活在人类难以接近的地方，所以很少被发现。他展示了一些深海鱼类的图片，这些鱼身上有着一排排红色和蓝色的"前灯"，用来引诱小鱼，然后再将它们吞下去（现在大家都知道，这些深海鱼类利用生物发光原理达到多种目的，包括自我伪装、防御，以及吸引同伴）。

在 40 多年前的一个故事里，赫胥黎讲述了摩纳哥王子，一个敏锐的动物学家，乘坐自己的游艇出海时，正好碰见捕鲸船在捕杀一条抹香鲸，那条鲸鱼呕吐了，王子马上派了一只船过去收集来一些呕吐物，那里面有"乌贼"的残骸（可能又是大王乌贼），是鲸鱼在深海中吃下的，还未来得及消化，完好无损到可以把它们鉴定为科学界的两个新物种。

在赫胥黎做讲座的那个年代，深海探险还处于起步阶段，20 世纪 30 年代初，威廉·毕比（William Beebe）和奥蒂斯·巴顿（Otis Barton）是第一批深入它们的自然栖息地，透过一个名为潜水球的狭小金属球体的舷窗，观察深海生物的人。1934 年他们创造了有史以来最深的潜水纪录，深达 3028 英尺（923 米），1949 年奥蒂斯最终打破了这一纪录[现代潜水器通常能潜入数千米深的水下；1960 年,唐·沃尔什（Don Walsh）和雅克·皮卡德（Jacques Piccard）是第一个抵达海洋最深处的人，深入到了马里亚纳海沟深处——35797英尺（10911米）深的挑战者深渊〕。

深海探险暂且告一段落，赫胥黎接下来又带领我们开启了深入过去的旅程，来到一个巨型爬行动物横行地球的年代。他展示了各种恐龙的图片和模型，以此说明它们活在多么久远的过去。他拿着一沓打印纸，这沓纸厚1英寸（2.5厘米），有480张。赫胥黎说，如果每一张薄纸片代表1000年的话，那么这沓纸所对应的时间，恰恰是自上个冰河纪至今过去的全部时间。要是记录恐龙灭绝的时间（大约6550万年前），这沓纸会有10英尺（3米）高。回到更久远的时代，到那个三叶虫遍布海底的时代（5.2亿年前），如赫胥黎所说，我们可能需要一沓像埃菲尔铁塔那么高的纸。依照赫胥黎的说法，这么多万年以来，地球上的生命一直在"持续更迭"，众多物种都灭绝了。他介绍了有幸从数千万年前的物种大灭绝中秘密存活下来的珍稀动物实例，从水族箱里捞出了一只帝王蟹（就是今天我们所知的马蹄蟹），这是来自很久以前就灭绝的群体中罕有的一个幸存者。"过去人们认为它是一种另类的甲壳纲动物，"赫胥黎说，"但它与早已绝迹的海蝎子关系更为密切。"

另一个幸存的珍稀物种实例，是来自澳大利亚的袋鼯（飞袋鼠），被带到演讲

帝王蟹

现场来证实其非凡的能力。1938
年1月5日，一位《苏格兰人报》
记者写道："饲养员把它高高地抛
向空中，它展开自己的薄翼——就
好像它把外套拉得很宽，想要迎风
飞翔似的——然后又优雅地滑落
到他的手里，这一壮举引得听众席
掌声雷动，经久不歇。"

只有一匹野马的洞穴画在欧洲是很常
见的。来自赫胥黎的讲座内容

当赫胥黎放映出一幅具有12000年悠久历史的洞穴野马壁画时，
听众席上又爆发出了热烈的掌声，《苏格兰人报》将之描述为"一个
英武雄壮，甩着尾巴，栩栩如生的动物"。赫胥黎表明，这些野马现
在仍然存在，不过都是被圈养的［现在，一些普尔热瓦尔斯基野马（普
氏野马）——世界上唯一未驯化的马——被放回野外，包括切尔诺贝
利周围的隔离区］。

在他的倒数第二场讲座中，赫胥黎将注意力转向了人类对生物世
界的影响，虽然这些讲座是在80年前开设的，但他对濒危野生动物和
迫切需要保护的野生生物，提出了一个彻彻底底的现代化观点。"一
个物种一旦消失了，它就永远地消失了。"他提醒听众。"最不同寻
常的物种灭绝案例，"赫胥黎说，"就是北美信鸽。"他如是描述那
巨大的鸟群：1英里（1.6千米）宽，起码有20亿只鸟，从头顶上空
经过需要好几个小时才能全部飞走。它们被当作食物宰杀屠戮，就在
这个讲座之前的二三十年里，最后一只信鸽也死在了辛辛那提动物园
（它的名字叫玛莎）。

在那些现存但已濒临灭绝的物种中，赫胥黎提到了为了迎合蝴蝶首饰（把整只蝴蝶或是它们翅膀的一部分装饰在吊坠或是胸针上）狂潮，而被大肆捕捉的亮蓝色蝴蝶。接下来介绍的一位动物嘉宾，是一对来自中国的 1 英尺长的短吻鳄，它们在水族箱里不安分地扭动着身体。"由于森林的砍伐、中国本土河流的污染和生态环境的破坏，"赫胥黎说，"这个物种在野外几乎灭绝了（扬子鳄至今仍然处于极度濒危的状态）。"动物园的饲养员还带来了一条 8 英尺（2.44 米）长的巨蟒，对皮革领带和鞋包制造产业而言，它的蛇皮可是紧俏商品。讲座快结束的时候，孩子们被邀请到台前来，跟巨蟒进行零距离接触，《曼彻斯特卫报》第二天的一篇报道称："当这个修长而健硕的身体绕上他们的脖子和手臂时，他们带着极大的勇气完成了表演，只是偶尔做做鬼脸，而巨蟒，对它来说，则是带着极大的幽默感忍受着这样的待遇。"

当然，还有一个更加令人不安的画面，在赫胥黎的最后一场演讲中等待着的听众，那是从一部海豹幼崽被击杀的短片开始的。"除非海豹受到保护，否则它们就没有活路了。"他哀叹道，接着他讲起了海豹新生幼崽白色皮毛的贸易（虽然受到了更为严苛的管制，但对海豹的非法猎杀至今仍在继续）。赫胥黎指出，同样的商业捕捞，甚至规模更大，鲸鱼的捕杀问题也是如此（商业捕鲸运动持续了很多年，但最终得以叫停，正如我们将在大卫·阿滕伯勒的圣诞讲座中了解到的）。

"我们能做些什么，"赫胥黎问道，"来制止这种因为人类的贪婪和无知而迫害动物和鸟类生命的趋势呢？"

朱利安·赫胥黎爵士（1887—1975）

生于著名的赫胥黎家族，朱利安·赫胥黎的祖父是生物学家托马斯·亨利·赫胥黎（T. H. Huxley），查尔斯·达尔文的一个坚定的支持者，他的兄弟是《美丽新世界》的作者，奥尔德斯·赫胥黎（Aldous Huxley）。他在牛津大学学习动物学，随后在北美、牛津大学和伦敦大学国王学院进行了进化和胚胎学的开创性研究。1927至1931年，他担任英国皇家科学院富勒生理学讲座的教授，1935至1942年，担任伦敦动物学会秘书，并于1951年与他人共同创立了世界野生动物基金会。他是一位伟大的科学传播者和野生动物保护的倡导者，他写了很多书，包括与赫伯特·乔治·威尔斯（H. G. Wells）合著的百科全书《生命之科学》。

他强烈支持的一个解决方案是，保留野生动物受到严密保护的特殊区域——一些小保护区、大些的保护区和大型国家公园。他通过影视资料向听众展示了非洲和加拿大国家公园里的大量野生动物：狮子、猎豹、狒狒、长颈鹿、灰熊和鹿。演讲大厅里还回响起了野生三趾鸥的叫声，这些海鸟被拍摄于不列颠群岛周围的一个鸟类保护区。"我们应该有更多的国家公园。"赫胥黎说（自从他开设讲座以来，我们对这个生命行星的保护力度已经有所增强，2014 年，保护区覆盖了 15.4% 的陆地和淡水，3.4% 的海洋，许多专家认为这两个领域至少有三分之一需要被保护）。

赫胥黎讲到了其他保护区的成功案例，演讲大厅里，一束聚光灯打到了笼子里的一只金翅雀身上，它有着醒目的黑、白、红三色相间的脑袋和黄色的条纹翅膀，非常好看。"当我还是一个小男孩的时候，"赫胥黎接着说道，"能看到一只金翅雀绝对是件稀罕事，但庆幸的是，我们现在去乡村想不碰到一只都难。"《野生鸟类保护法》将金翅雀从灭绝的边缘拯救了回来，该法案收紧了有关鸟毛和鸟蛋贸易的法律约束力。他提倡多开展一些有助于改变公众对环境问题认知的活动，尤其是，他提议："对商业和娱乐利益链进行施压，说服或强迫他们不再猎杀这些'会下金蛋的鹅'。这对鲸鱼、毛皮动物和迁徙的野鸟来说，是非常必要的。"他鼓励听众加入像国家信托和皇家学会这样的鸟类保护团体，自 1889 年起，羽毛联盟就开始同装饰女帽的羽毛交易做斗争了。

演讲结束的时候，他向人们展示了珍稀动物的奇迹，以及它们所面临的问题，还给听众留下了对未来的积极展望。正如《曼彻斯特卫报》

一名记者 1938 年 1 月 10 日报道的："'已经做得很好了，'赫胥黎先生表示，'但我们需要做的还有很多。'"80 年后，这种情绪仍然和过去一样真切。

第五章

动物是如何移动的

詹姆斯·格雷爵士

（Sir James Gray）

1951

一直生活在我们身边的这些常见的动物，

实际上，是非常复杂也是非常美丽的。

不可思议的自然探索之旅

1. 鱼类是如何运动的?
2. 为什么马从来没有超过两只脚同时落地?
3. 动物界的跳高冠军是谁?

格雷走进演讲大厅的时候，他的讲桌上摆满了各种从不列颠博物馆精选来的古董玩具车，他还向听众展示了一只非洲猎豹，这只特别的大猫移动速度不如以前快了（它是伦敦自然历史博物馆的标本）。"但是，"格雷解释道，"所有活着的动物都是以类似于汽车发动的方式运动的，它们需要一个引擎、转向和刹车。"他把动物的身体比作一辆汽车的底盘，把它的腿比作后轮（这就是推动力），跟汽车不同的是，大自然从来都不会真的使用轮子。

格雷告诉他的听众，动物也有类似杠杆和把手的东西，帮助其上下左右运动，但它们永远也不会绕着中心轴做一个完整的旋转动作。动物不可能有轮子，因为它们所有能运动的部分都跟血管和神经相连，不断扭曲会让它们缠在一起，甚至断裂。格雷解释说："没有轮子帮助它们行走，也没有旋转的螺旋桨帮助它们飞行，动物进化出了三种截然不同的运动方式。"

"让我们来看看自然界最古老的动物种类，看看运动是如何形成的。"格雷说。他播放了一段微型变形虫的影像资料，那是一种只有针头大小的单细胞生物，它们不断改变形状，并通过凸起它们身上突出的部分不断运动，被称为假足类动物。格雷宣布，"这是大自然第一次尝试制造一个运动的动物"。但是它们移动得非常缓慢，每天移动 1 英尺（30 厘米）左右。

纤毛虫

下一个影片放映的是一种叫纤毛虫的生物，它们看起来像是屏幕上飞舞着的透明稻谷，它们用数千根摇摆不定的细毛来推动自己，那些细毛被称为纤毛（它们的名字也由此而来）。这是动物的第二种运动方式，尽管只是非常小的物种，这些纤毛所施加的力量是微乎其微的，但纤毛虫一天可以飞行 120 英尺（36 米）。

所有稍微大一点的动物都依赖于肌肉——第三种运动方式。格雷认为，肌肉是"自然界所有引擎中最好、最强大的一种"。肌肉由一束纤维组成，每一根纤维都能在大脑发出的神经信号的指示下收缩变短，从而激发出巨大的力量。"这些纤维，"他说，"从一块软塌塌的橡胶变成拉伸的钢弹簧。"一旦神经冲动停止，肌肉纤维就会再次失去行动力。"但它们不能自主伸展，"他说，"它们需要被其

CHRISTMAS LECTURES
The one hundred and twenty-second course of
six lectures adapted to a juvenile auditory

JAMES GRAY, C.B.E., M.C., F.R.S.
Professor of Zoology in the University of Cambridge
on
HOW ANIMALS MOVE
THURSDAYS, SATURDAYS AND TUESDAYS
December 27, 29, 1951, January 1, 3, 5, 8
1952 at 3 p.m.
SUBSCRIPTION
Juveniles (aged 10–17) £1
Adult (non-members) £2

THE ROYAL INSTITUTION
21 ALBEMARLE STREET LONDON W.1

讲座安排表（封面）

他肌肉带动。"

　　大自然通过两种方式激发肌肉的力量：第一种，如蚯蚓一般，两侧的肌肉同时收缩，像手风琴那样缩短自己的身体。通过紧攀住前方的地面，这种缩短能够将动物向前拖曳，接着它会拉长自己的身体，再向前进，收缩另一组肌肉，这些肌肉围绕着它的身体，形成环状，就像挤压了一小撮油灰。肌肉作用的第二种方式，则是通过每次收缩身体（或肢体）的一侧，弓身从一边向另一边运动。

　　为了更好地说明运动的一个基本原理——要向前运动，动物必须向后产生推力，格雷在他的讲桌上放置了一座小桥，他要让一条蠕虫穿过这座特殊的桥，孩子们全都屏住了呼吸。蠕虫向前运动，弹簧承载的拱形桥体中段显示，蚯蚓以 2 到 8 克的力量在

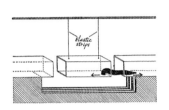

演示水蛭向前移动产生后向力的桥式实验图（类似于他在讲座中使用的蠕虫桥）

向后推（对一只小蠕虫来说，这样已经算不错了）。

　　《时代》周刊的一位记者 1951 年 12 月 28 日报道："当它完成自己这段非自然的旅程，掉落回饲养员的手中时，这条蠕虫获得了一阵好评的掌声。"不管是步行的、爬行的、跳跃的还是游泳的，所有的这些动物本质上都在做相同的事情，向后推动自己，借力于它们周围的环境。

　　一个水族箱被带进了演讲大厅，里面装着一只小乌龟，它用它那像船桨一样的附肢划过水面，向后推动借力于它所处的环境（在这种情况下是水）。另一个水箱里装着的机械模型鸭也显示出了类

似的特性，它用自己的脚掌划水推动自己向前。格雷解释说，大多数鱼都是通过不同的方式扭动脊骨，从而在水中穿行潜游的。强健有力的肌肉将硕大的尾鳍从一边摆向另一边，向侧面和后面对水施加压力，驱动自身向前运动，海豚也有类似的体式，不过它们只有尾巴上下运动。

格雷还向听众介绍了一条活蹦乱跳的鳗鱼，来说明：鱼类只有在有些什么东西可以推动、借力时，才能运动起来。首先，他把它放在一张光滑的桌子上，鳗鱼拼命地扭动着，但却寸步难移；然后，他把它放在一张布满短桩的桌子上，它迅速就抵着它们将自己撑了起来，就像游泳时推动水一样，鳗鱼瞬间就穿过桌子了。

鱼能游多快呢？这个答案，格雷解释道，或许会让我们感到惊讶。"当我们沿着河边走，看到一条鲑鱼在水里飞快地穿梭时，"他说，"我们的印象会是：那是相当高的速度。"垂钓者可能会猜想，鱼类每小时可以在水中穿行 20 英里（32 千米）。鱼能够即时加速，这可能造成了我们对鱼全程超速游行的错误印象。当一条鲑鱼受到惊吓的时候，格雷说，它可以瞬间增速至每秒 140 英尺（每小时 152.9 千米），这样强大的力量只能维持很短的时间，不过应该长到足够保证自己从天敌的口中逃脱。他估计，长距离运动时，一条 10 英寸（25.4 厘米）长的鲑鱼在水中游行的速度能够达到每小时 4 到 5 英里；一条大马哈鱼的速度可能是它的两倍。"真正矫健的快游选手，是海豚。"他说，它能以每小时 25 英里（每小时 40 千米）的速度在水中穿梭。

渔民们常常会夸大鱼线末端钩住的鱼的力量和重量，并且这通常也很合理，格雷邀请了一些听众上台来，让他们试着用固定有弹簧天

詹姆斯·格雷爵士（1891—1975）

　　格雷，出生于伦敦伍德格林，曾就读于剑桥大学国王学院自然科学专业，在第一次世界大战中服役之后，于1919年又回到剑桥的动物学系学习，最终成为那里的一名教授。专注于动物运动的研究之前，格雷的早期研究对细胞学领域的建立、细胞的研究都有着不可忽视的促进作用。1943至1947年，担任英国皇家科学院富勒生理学讲座的教授，他以有名的格雷矛盾理论著称于世，他的理论认为海豚在游得非常快的时候，它们的肌肉并没有足够的力量来克服水中的阻力。2008年的诸项研究表明，他的理论并非事实，他低估了海豚的肌肉力量，且低估了近10倍之多。

平的鱼竿，从地板上举起不同重量的砝码，来测量提起这些重量所需要的力。要举起 1 磅重量（453 克），志愿者们必须承受 14 磅（6.35 千克）的拉力，这就意味着：感觉上，鱼线末端的鱼往往比实际上更重也更矫捷。

接下来，听众有机会探索水下世界了，格雷放映了一些此前从未公布过的影视片段，是"蛙人"们［也称潜水员，在雅克·伊夫斯·库斯托（Jacques-Yves Cousteau）和艾米丽·加格南（Émile

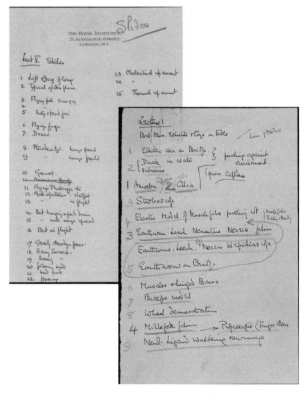

几页写在英国皇家科学院信纸上的格雷演讲笔记

Gagnan）发明水中呼吸器的前 10 年才出现的名词〕在地中海拍摄的。屏幕上，种类繁多的鱼儿们聚集在一起，形成了一个巨大的鱼群风暴，令人叹为观止，一名潜水员就游在这风暴中间，他甚至还摸了一条跟他差不多长的鲨鱼的尾巴——对当时的听众而言，这所有的一切可能都是前所未有的景象〔20 世纪 50 年代水下摄影工作才刚刚起步；1956 年，奥地利生物学家汉斯·哈斯（Hans Hass）拍摄了一部纪录片《潜水冒险》，同年，库斯托主演的第一部电影《静默的世界》上映〕。

就像 31 年前，汤姆逊在他的圣诞讲座中那样，格雷也向他的听众展示了弹涂鱼，只是这次他们看到的不仅仅是保存下来的标本，还看到了一只活体弹涂鱼。它用力地扭动着自己的两个前鳍和尾鳍，在装着少量水的水箱里不安分地爬来爬去。"从这类生物身上，"格雷说，"大自然创造了用腿驱动自己前进的陆生动物，她没有再添加任何新的部件，就完成了这件事情，因为她早已为这些新的生命功能设计好了现有的部件。"格雷将之形象地比作工程师把潜艇改造成汽车，但他们无须把它抬到码头，也不需要增加新的部件。

脚一开始，可能是先进化成蹼状的，以分散动物的体重，防止它们抵达水的边缘时，陷入沼泽或是泥泞的淤泥地里，在那之后，动物开始进化出能够适应其他地形的足部。格雷带来了更多活体动物，以检查它们的足部。笼子里有一只树懒，它用大而有钩的爪子倒挂在一截树枝上；一只壁虎迅速爬上一面垂直的玻璃墙，然后倒挂在墙上（现在我们都已经知道了，壁虎是使用一种被称为刚毛的细毛来实现这一惊人的壮举的，这些刚毛覆盖着它们的脚趾，并与它们要攀爬的表面形成细微的胶结）。伦敦动物园的饲养员还带来了一只名叫亨利的小熊，他展示了它像人类一样平直的脚掌，这样的脚掌能够让它的两条后腿笔直地站立着。

　　格雷下一位要介绍的嘉宾是一只火蜥蜴，他把它放在投影仪上，向听众展示四条腿的动物通常如何按照对角线顺序移动四肢：右前腿先迈出，接着是左后腿，左前腿，最后是右后腿。"第四只脚悬空向前摆动的时候，其他三只脚始终是落在地面上的。"格雷说。"通过这种方式，"他解释道，"这个动物可以随时随地停下来，并且不会摔倒，因为最起码它还有三只脚稳稳地扎在地面上，形成一个稳定的三角形，但这只有在一个平缓的速度下才会起作用。如果要加速的话，动物就必须要牺牲它们随时随地停下来都不会摔倒的稳定性。""如果一只动物在后脚落下来之前就抬起同侧的前脚，"

一匹骏马疾驰的图解，该图表明了它为什么从来没有
超过两只脚同时落地

他说，"身体就会倒向另一边，但是只要它悬空的时间不是太久，在感觉到后脚即将落下来之前，也不会真的翻倒。"当一匹马奔驰的时候，它一次只有一个马蹄是落地的，并且有些时段它的四蹄完全是脱离地面的。

接下来，格雷开始考虑：动物在跳和跃的时候，如何不断地重复所有脚都抬离地面的过程。"大多数动物一定程度上都能跳跃，"他说，"如果要我们从动物中选出一组跳跃高手，我们可能会选袋鼠、飞鼠、青蛙、蚱蜢或跳蚤。"而且跳蚤是无可争议的冠军，它们能够跃起超过它们体长 100 倍的高度（而人类跳高世界纪录保持者只跳了 2.45 米或 8 英尺，略高于他们自己的身高）。

格雷指出，所有跳跃的动物都有三个共同的特点：（1）它们有着非常长的后腿；（2）它们的腿能够紧紧地叠放在身体下面，并且可以迅速伸直；（3）它们的体形通常都非常小。体形小非常重要，因为动物能跳起的高度取决于它们弹起的速度，小型肌肉往往比大型肌肉行动起来更迅速。他向听众展示了行动中的活体蝗虫，还有一只刚被放出去，就在孩子们的脚底下到处蹿跳的飞鼠，还因此引发了短暂的骚乱。这是一只来自亚洲和非洲大沙漠的跳跃型啮齿动物，它看起来像一只老鼠，两只耳朵特别大，腿非常长。

最后，向听众介绍动物飞行的细节时，格雷在整个演讲大厅里放满了纸飞机。"飞行靠的是翅膀。"他说，与气流保持一个轻微的角度时，机翼的形状就是这样的，气流在上表面流动的速度比在下表面要快，这就产生了升力。同时，流动的空气往往会对机翼产生一个向后的阻力。"一只可以飞翔的动物，"格雷说，"如果它的翅

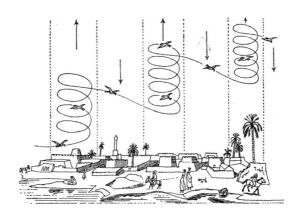

在热带国家，鸟类都是在上升的气流中向上滑翔的

膀能够坚持以这样的一种方式在空中飞行，从而确保这种升力和阻力……那么所有的力结合在一起，就会形成一个跟动物自身重力相等的浮力。"

　　除了拍打翅膀飞行之外，很多鸟类还是技术高超的滑翔专家，它们通常会利用上升的气流保持自己一直在高空中。当水平方向的风遇到障碍，比如一栋建筑、一座山或是一个悬崖时，气流就会向上偏转。这就是为什么海鸥会沿着一条条峭壁滑翔，为什么老鹰会在山的迎风面滑翔。一只体形硕大的、毛茸茸的秃鹫悬吊在听众席上方的一根电线上，格雷向他们解说了，在热带国家，这些鸟类是如何在万里高空中盘旋，又是如何借助从地面升起的热气旋御风而行的。

　　关于动物如何移动的讲座临近尾声时，格雷对听众说，他希望他们能够发现，一直生活在我们身边的这些常见的动物，实际上，是非常复杂也是非常美丽的。"我希望你们能够亲自去观察身边的这些动物，"他总结道，"因为总会有一些新的东西等待我们去发现。"

一位带电的动物嘉宾

一阵热烈的掌声中，格雷在剑桥大学的同事汉斯·利斯曼（Hans Lissmann）走进了演讲大厅。他去年有了一个非凡的发现，在参观伦敦动物园的水族馆时，利斯曼注意到，展出的非洲小刀鱼通过它背上的长鳍甩出波纹，向前游向后游都能轻松自如。他很好奇这些鱼是如何避免撞到障碍物的，因为眼睛长在身体的另一端，它们根本不可能看到身后发生的一切，他猜想，它们有某种类似"第六感"的东西。

借助一条活体刀鱼，利斯曼演示了他发现这些鱼向水中发出微弱电脉冲的过程。他在水箱中放入了一个采集电场的探头，并且放大了它的声音，以便皇家科学院的听众能够从扬声器里听到那个"嗞嗞"声。他解释说："这条鱼会利用电磁波，跟蝙蝠利用超声波的原理一样，通过发出的声波碰撞到障碍物后返回，辨别出自己的游行路线。"利斯曼是这一现象的第一个发现者：生活在西非地区泥泞的河流和沼泽里的鱼类中，至少有100种能够借此找到它们的游行路线、锁定食物，甚至可能还会用电磁脉冲彼此进行交流。

1951年12月14日，伦敦动物园的一位官员在写给詹姆斯·格雷（James Gray）的一封信中，列出了他作为圣诞讲座演示"嘉宾"可以借出的活体动物。这其中包括一只已驯化的喜马拉雅黑熊、一头驴子、一只壁虎和一只树蛙，他还可以借出一条弹涂鱼，不过前提是格雷能够保证它处于足够温暖的环境中。"我们可能还能争取到一只小乌龟。"信中陈述，继而又写道，"我很抱歉，我们的花园里目前只有一只蜂鸟，馆长认为我们不应该把它放出鸟舍，尤其是在冬天。"

 摘自档案

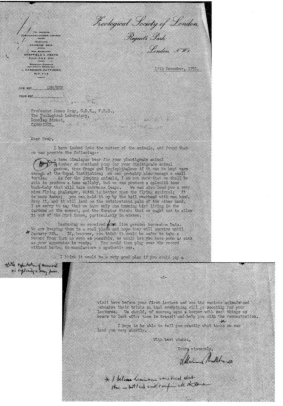

给詹姆斯·格雷的一封信

詹姆斯·格雷教授，C.B.E.，F.R.S.
唐宁街，剑桥大学动物学实验室

亲爱的格雷：

我了解了一下动物的情况，发现我们只能借出如下几种动物：

跖行动物，我们可以借出一只已驯化的喜马拉雅黑熊；

趾行动物，我们可以借出一头驴子和一匹设德兰矮种马；

壁虎、树蛙也可以，如果您能保证皇家科学院的条件足够温暖的话，我们还能借出一条弹涂鱼，并且还能再争取借出一只乌龟。

关于跳跃型动物，我不敢保证那只驯化过的沙袋鼠一定能借，但我们可以提供一只特别能跳的丛猴；我们还能借出一只很温顺的袋鼯，它比美洲飞鼠脾气好多了，您可以一只手托着它向上抛出，它能很轻松地重新落回到您张开的另一只手掌上。

我很抱歉，我们的花园里现在只有一只蜂鸟，馆长认为我们不能把它放出鸟舍，尤其是在冬天。

昨天我们收到了 6 只菊头蝠，现在它们被放在一个比较冷一点的地方，希望能活到 1 月 8 日。不过，要是您能在保证它们安全的情况下，尽快给它们做记录的话，您那边设备一准备好，我们就能带过去几只，这样，您就能得出科学的数据了。

我觉得您要是能在讲座开讲之前，亲自来

这儿一趟就更好了，您可以提前看一看这些动物，让它们演练一下讲座中要展示的部分，这样您的讲座也能更顺利一些。当然，我们还会给像熊这样的动物带一名饲养员过去，这样既能好好照顾它们，也能帮您更好地呈现讲座内容。

此外，我还想简短地跟您交代一下我们要借出的水箱具体是什么样的。

×××谨上

第六章
动物的行为

德斯蒙德·莫里斯

（Desmond Morris）

1964

"没有什么比一个人自己的行为更让人

着迷了，"莫里斯说，"人类对自己行

为方式的评价，可以从丑闻、绯闻的深

度跨越到诗意化表达的高度。"

不可思议的自然探索之旅

1. 动物的行为有没有什么规律?
2. 动物可以辨认出自己的孩子吗?
3. 对野生动物来说,清洁行为有什么意义?

"没有什么比一个人自己的行为更让人着迷了,"莫里斯说,"人类对自己行为方式的评价,可以从丑闻、绯闻的深度跨越到诗意化表达的高度。"分析和理解人类的行为是心理学家和人类学家钻研的领域,"但人是一种复杂的动物",他指出。有时候我们自己都不是很清楚,为什么要去做某些事情,不过,我们能够寻求其他动物的帮助。他说,"这样我们在研究行为模式和学习一些基本原理的时候,就能少走一些弯路"。如果我们能够从它们的视角看待世界,并能理解它们的问题和它们解决问题的方法,那么我们就能比较出它们和我们之间生存方式上的差异了。

莫里斯首先解释了他说的行为是什么意思:"动物通过自己的一种感官,比如眼睛、耳朵或者鼻子,感受

讲座安排表(封面)

到一种来自外部环境的刺激，来自这些感官的信息再沿着神经传到大脑。"这些信息继而与其他内部信息——比如对过去经历的记忆——相结合，最终大脑做出反应，通过向身体不同部位——腿、手臂、肩膀和下巴等——发送信号，指示它们按照既定的方式做出反应。"行为是由一系列反应组成的，从动物出生到死亡一直在进行着。"莫里斯说。

行为的一个非常关键的方面是学习能力，有些动物已经进化出非常高的学习水平了。

一只名叫菲菲的小猩猩被带到了演讲大厅，莫里斯给它设置了一个学习能力测试，它坐在一张桌子上，那桌子下面是一个带门的大木柜子。在菲菲的注视之下，莫里斯打开了那扇门，在里面放入了一堆葡萄，然后关上并锁上了门，把钥匙放在桌子上。接着，他向后站了站，这时，菲菲想到自己要做什么了：没过多久，它就拿起钥匙，打开门，痛快地吃起了葡萄。观众对这只小猩猩的机敏和心智技能，报以一阵热烈的掌声。

莫里斯接着解释了行为在动物生命中不同关键阶段所扮演的角色，当动物在一起交配繁衍的时候，所有的行为种类都会涉及，从争夺领地的雄性之战，到交配伴侣之间精心准备的求爱仪式（我们将在大卫·阿滕伯勒的圣诞讲座中了解到这一方面）。幼体一旦出生，父母们就会发现自己开始变得非常忙碌，继而产生许多涉及孕育下一代的新的行为，父母的职责包括孵化到喂养，到保护幼崽免受天敌的伤害，再到给它们保暖、保洁等的很多方面。

同样重要的是，父母们要能够识别出自己的孩子，从其他同类的幼崽中辨别出它们来。为了更好地讲解这些能力，莫里斯带来了两只

德斯蒙德·莫里斯（1928—）

　　莫里斯出生于威尔特郡，在伯明翰大学研修动物学，接着又在牛津大学获得了关于棘鱼繁殖行为的博士学位。1956 年，他成了伦敦动物园电视与电影部门的总监，1959 至 1967 年间，担任动物园哺乳类动物的管理员。他因放映《动物世界中动物园时间和生命》而成名，1973 年，又重新回到牛津大学继续进行动物行为学的研究。他写了几十本关于动物和自然界的书，包括 1967 年的畅销书《裸猿》和 1969 年的《人类动物园》。莫里斯还是一名画家，20 世纪 50 年代，他和琼·米罗共同举办了画展，还曾担任过一段时间的伦敦当代艺术研究所负责人，并一直有绘画作品展出。

雌性的老鼠，一只有着黑色的皮毛，另一只则是白色的；每一只都有一群非常幼小的后代，毛色跟它们的相匹配。

他把两个窝分别放到桌子上，轻轻拿出所有小老鼠，把它们掺杂在一起放在桌子中间——一群黑白相间的老鼠幼崽。在做这件事情的时候，莫里斯把它们的妈妈关在了它们各自的窝里，他预测：这两位妈妈只会去拣自己的孩子，并把它们带回窝，完全不管其他幼崽。莫里斯有一点紧张，不确定实验是否能够达到预期。他打开了鼠窝的入口，两只雌性老鼠立刻跑了出来，开始在桌子上搜寻、嗅气味，直到发现它们那窝幼崽，然后快速地冲了过去。他长长地松了一口气，老鼠们的的确确按照他预期的那么做了：两个妈妈分别拣出了自己的孩子，然后迅速把它们一个一个带回了自己的窝（像我们将要在阿滕伯勒的讲座中看到的那样，可能是幼崽高分贝的叫声提醒了它们的妈妈，使妈妈注意到了它们的存在和身份）。莫里斯将这两窝老鼠拿到观众席，让他们看清楚黑老鼠妈妈周围是它的一窝黑幼崽，而白老鼠宝宝们正和它们的妈妈在另一个窝里。

正如莫里斯的观点，年幼的动物必须知道"它们自己是谁"。"有些动物本能地认识自己的同类，"他说，"不过，也有一些动物要想融入团体当中去，就必须在婴儿时期就跟自己的同类待在一起。"他解释说，对一些鸟类和哺乳动物来说，在它们第一次睁开眼睛之后，极短的时间内，幼崽脑海里就会留

鸟妈妈喂养幼鸟

下它们父母的"印记"。

这是动物被驯服的一种方式，如果它们第一眼看到的是一个人类，它们就会变得"人性化"；如果它们同时看到了人类和自己的同类，它们就会像家狗一样对二者都保持忠诚。

各种动物确保自己免受日常生存威胁的自我保护行为都在逐渐进化。"对野生动物来说，清洁行为似乎只不过是一种令它们愉快的奢侈享受，但这与事实相去甚远，"莫里斯说，"动物皮毛的状况很可能是它生存的通行证。"受损的皮肤会导致疾病，羽毛粗糙肮脏的鸟类可能会变得过冷或过热。"对鸟类和哺乳动物挠痒、抖动身体、舔舐嘴巴和爪子、梳理羽毛（鸟类）、整理毛发（哺乳动物）、摩擦身体等行为的仔细研究发现，这些都不是偶然的、随机的行为。"莫里斯说。事实上，这些都是精心组织好的行为，对动物保持自身的清洁和健康至关重要。为了避免极端温度，冬天，许多动物都会选择迁徙到气候温暖的地方去。"除此之外，它们还可以选择做好冬眠的准备，在特殊的洞穴或避难所里度过漫长而寒冷的几个月。"他说。动物也需要躲避猎食者：有些动物进化到跑得飞快或是飞起来的程度了，还有一些动物专注于通过挖洞或刨土栖于地下掩藏自己。"其他一些动物则会换上诡异的伪装，"他说，"这些伪装通常都有着令人难以置信的复杂性，因此能够跟它们赖以生存的背景完美融合。"（正如我们在朱利安·赫胥黎的讲座中看到的叶虫那样。）

"在防止成为别人腹中餐的同时，"莫里斯说，"所有的动物都必须要努力填饱自己的肚子，对很多生物来说，这涉及了一种从不间断的寻觅行为。"动物通过各种各样的途径获得食物，从采集水果、根茎和叶子，到互相捕食。根本而言，动物从自身所处的环境中选择食物，并需要从中区分出好的和不好的，它们可能会直接粗暴地咬上一口，并吞下食物，也有可能需要剥去果皮，砸碎贝壳或坚果坚硬的外壳。

莫里斯还请到了一位嘉宾，帮忙演示远古人类的祖先为获取食物而发展起来的一项重要技能，我们至今还跟最亲密的亲人分享着这项技能。莫里斯提前向观众说明任务的时候，黑猩猩布奇被带了进来，他特意给这个小猩猩组装了一个量身定做的掷球击椰子（一种传统的游乐场游戏）装置。一个木板上立着一排顶上放着葡萄的木桩，它们的上方挂着一条末端带球的长链子，要拿到这些葡萄，布奇就必须挥动球击倒木桩。观众兴高采烈地看着它，经过几次尝试之后，它逐渐提高了自己的目标，直到成功击倒一个木桩，葡萄滚到了它虚位以待的手里。

这不是早前人类创造的那种游乐场景点，但学会瞄准目标并能精准投掷武器是一项至关重要的狩猎技能。这是一种进化发展，莫里斯解释说，是一种锻造人类物种的特性，也是人们在小型部落狩猎采集生活方式中的关键一步。

摘自德斯蒙德·莫里斯访谈

"1964 年，当我被邀请去皇家科学院，围绕动物行为这个主题做圣诞讲座时，就决定要接受这一挑战，不过与此同时，我对接下来不得不在观众面前现场展示活体动物的讲解方式，感到深深的担忧。现场产生失误的概率远远高于更寻常的圣诞讲座，如物理、化学、工程学和其他非生物学的科学学科中的实验。正如我从自己那档每周在伦敦动物园播出的《*Zootime*》（动物园时间）电视节目中所了解到的，动物具有相当高的不可预测性，我想到自己的现场演示可能会变得有点手忙脚乱。我凭什么期待动物园里的动物在伦敦市中心这样不熟悉的环境中，在一大群观众面前做出非常自然的表现呢？

"我抛开了恐惧，着手准备各种不同的、我可以尝试的实验和测试，借助动物但又可以让它们不因为发现自己身处在这样一个非自然的环境中而受到太大干扰。我很幸运能够得到伦敦动物园饲养员们的协助，他们非常了解自己饲养的动物，也很愿意帮助我，就像他们在我每周的电视节目中所做的那样。时间到了，我带着比平时更大的恐惧走进演讲大厅，里面挤满了聪明并且求知欲很强的孩子，还有他们的父母。令我感到欣慰的是，我对动物行为模式的展示都非常成功。"

每当莫里斯带来的动物如他所想做出良好的表现时，他都确保不将之归功于自己："在做皇家科学院圣诞讲座之前，演讲者需在一个小房间里等待，里面有一张桌子，你可以坐在那里好好想想接下来要做些什么。这是一个安静平和的房间，不过你也可以在那里放松一下，你注意到桌角有一张印有给演讲者指示的卡片，关于他们在皇家科学院演讲时，能做什么或不能做什么，尤其是做实验的时候。这张卡片，是由大科学家法拉第亲手写下的，他不厌其烦地告诉所有演讲者：实验进行得很顺利时，他们也绝不能表现出任何骄矜。我忘记了确切的措辞，但他的口吻是非常严厉的，坚持不该把测试、实验和演示看作演讲者自己做的高明的事情，并且他必须永远保持这种谦逊的姿态。我在所有的演示过程中，都仔细遵守这个指令，并且一直明确强调，是动物聪明，而不是我。"

摘自档案

　　1964 年 3 月，莫里斯写信给劳伦斯·布拉格爵士，感谢他邀请自己来皇家科学院做圣诞学术讲座，并建议标题可以用"动物的信号"。同年 9 月，布拉格又给莫里斯写了一封信，问他能否确保演讲时用"单音节词"，以便他年轻的听众都能听得懂。

Dear Sir Lawrence,

　　Many thanks for your kind invitation to give the Christmas lectures. I am extremely flattered and I have every hope that I shall be able to give the complete series of six for you. May I please leave an absolutely final decision until May? I should know my future commitments more precisely by then. I am just about to go on leave but I will get in touch with you again as soon as I can give you a final answer. In the meantime, if May is too late for you, will you please drop me a line which my secretary will put before me as soon as I return from leave.

　　If I am able to give the lectures, the title will probably be "Animal Signals" and will give ample scope for the kind of demonstrations at which the Royal Institution excels.

Yours sincerely,

Mary Haynes.

Dictated by Dr. Desmond Morris
and signed in his absence.

16 September 1964

Dear Morris,

　　I was very pleased to get your notes this morning. If I may say so, I think the contents of each lecture are very well outlined and most attractive. I shall much look forward to this series. I always feel diffident about making any suggestions, but I think that as your audience and readers will be young people it perhaps might be a good plan to paraphrase or explain some of the technical words. The introduction is important as giving the first impression of the course. I will not try to make my specific suggestions, but the more it can be 'put in words of one syllable' the better it is for the teenagers and under. Again in Lecture 6 I think such words as 'socially integrated', 'mal-imprinted' etc. - though it is clear from the context - could have a word or two of explanation.

　　These are very minor points and I feel most warmly that it is an excellent synopsis. I am so glad you are doing this series.

Yours very sincerely,

Dr Desmond Morris,
The Zoological Society,
Regent's Park,
N.W.1.

亲爱的劳伦斯爵士：

非常感谢您诚挚的邀请，能够收到皇家科学院圣诞讲座的主讲邀请，我感到万分荣幸，我真的很想为您完美呈现今年的科学六讲！不过，我能到 5 月再给您确切的回复吗？我还要进一步了解一下将来的行程安排，我刚好要休假了，等我想好了一定第一时间再跟您联系。如果这个时间对您来说太迟了，请您给我写信，我的助理会帮我接收，等我度假回来立马给您回信。

如果我能去做今年的圣诞讲座，我想把题目定为"动物的信号"，另外我可能还需要相对宽敞的场地做演示，说不定需要到演讲大厅的外面去。

德斯蒙德·莫里斯

敬上

亲爱的莫里斯：

　　很开心今早收到您的信，如果可以这样说的话，我想您每一场讲座的内容大概都已经确定了吧，并且一定非常有趣，我很期待您的系列讲座。我常常对别人提出的意见都有不同的想法，但是我认为，既然您的听众和读者都是青少年，如果您能多解释一些专业术语，语言上多添一些趣味性的话，就更好了。介绍部分对给大家的第一印象而言是非常重要的，具体我也给不出什么建议了，就是希望您在做讲座的时候，尽量多用单音节词，便于您的听众更好地理解讲座内容。

　　还有一个小点，我觉得您对讲座的构想非常棒，真的非常高兴您能来做今年的讲座。

劳伦斯

现场听众纪实

德斯蒙德·莫里斯讲座中的两名听众，是皇家科学院圣诞学术讲座后来的主讲人——大卫·阿滕伯勒，以及他年幼的儿子罗伯特。"我最大的感受就是，我真的非常喜欢它们，"罗伯特说，"它们也提醒了我注意到自己观察动物时的那种兴奋感，这无疑会给我留下深刻的印象，因为从此以后我会对动物的行为很感兴趣。"罗伯特后来成为一名生物人类学家。

因为对动物学和那档节目都有着浓厚的兴趣，阿滕伯勒一家跟莫里斯成了很要好的朋友。做圣诞演讲的时候，他是伦敦动物园哺乳类动物的管理员，罗伯特记得莫里斯还从缅甸带来一只白眉长臂猿交给他们一家人照顾。它被带到动物园跟一只雄性长臂猿做伴，那只雄猿袭击了这个新来的住户——因错将它当作一只雌性，而实际上这是只年幼的雄性。"他们没地方安置它，况且它还病了，"罗伯特解释道，"所以德斯蒙德把它安排给了我们，它跟我们一家人生活在了一起。"那之后的几年里，它就生活在他们家，除非被允许外出，平时都住在笼子里。

第七章
动物的语言

戴维·阿滕伯勒

（Sir David Attenborough）

1973

从深海之渊到高山之巅，生命如何

蔓延？

不可思议的自然探索之旅

1. 草蜢的"唧唧"声代表着什么？
2. 动物如何通过声音表达自己的自我保护行为？
3. 谁通过发现昆虫的通信方式而获得了诺贝尔奖？

　　今年的讲座开讲之前，演讲大厅里充满了各种声音，鹅的叫声、汽车鸣笛声、击鼓声、莫尔斯电码一样的"哔哔"声和草蜢的"唧唧"声。阿滕伯勒说："这些声音里面全都包含着信息，它们是语言。"这不仅是动物用来相互交流的声音。"你可以通过视觉，用手势，"说着，他像鸟儿拍打翅膀那样挥了挥自己的胳膊，"或者你也可以改变你的一种语言模式，准确来说，你可以用嗅觉。"

　　阿滕伯勒从动物运用语言避免产生争端的方式开始讲起。"这似乎是一条法则：动物更喜欢通过宣扬威胁来表达提防，而不是实实在在地着手准备大干一场。"他说。他从黑色的幕布下放出了一条蜷曲的大蛇，用手指轻轻地敲了敲玻璃盒，接着，我们听到了一阵"嘎吱嘎吱"的声音，这是一条来自北美洲沙漠的钻石背响尾蛇，它尾巴上的空心鳞片警告入侵者：它是有毒牙的。

讲座安排表（封面）

戴维·阿滕伯勒（1926— ）

　　阿滕伯勒生于伦敦，在莱斯特长大，他在剑桥大学研修动物学，并于1952年加入英国广播公司，成为一名实习制片人。1954年，他录制了《动物园探索》系列节目，节目中，他环游世界为伦敦动物园搜集异国珍奇动物。1965至1968年，他在英国广播公司第二频道担任频道总监，1969至1973年，他又回到了电影摄制领域，担任英国广播公司的节目总监。1979年，他撰写并录制了最具里程碑意义的地标系列节目——《地球生命》，接下来是几十个探索自然界诸多奇迹的系列节目。他拥有32个荣誉学位和至少15个以他的名字命名的物种，其中包括2016年发现的一种来自马达加斯加岛的亮蓝色蜻蜓——阿滕伯勒锥腹蜻属，那是他在90岁生日庆祝活动上，被授予的奖章。

当下一位动物嘉宾出现在演讲大厅的
时候，听众席上传来了阵阵"咯咯咯"的
笑声。"这是一只臭鼬。"有人小声咕哝
道。这只毛茸茸的动物有着黑白相间的条
纹，但是，阿滕伯勒说，这是一只非洲艾
鼬——林鼬的一种。像臭鼬一样，这只非

臭鼬

洲艾鼬身上鲜明的条纹警告捕食者的，并不是它有毒牙，而是它有着
令人非常不愉快的东西。"它的尾巴下面有一个腺体，就像一只松鼠。"
阿滕伯勒说，"它从那里面喷出最令人恶心的气体。"非洲艾鼬昂首
阔步地在非洲平原上横行时，它很清楚这一点，"它走得非常大胆，
站得笔直，有恃无恐地把它的毛发、黑白相间的条纹很好地展现出来，
因为它知道它是老板"。

阿滕伯勒又拿出了一只体形小得多的动物，它是用肢体语言来表
达"提防"的，这只螳螂像拳击手一样，抬起了自己有刺的前腿。"它
只是体形小了点，"阿滕伯勒说，"但如果你是一只蚂蚁、蝗虫或苍蝇，
它对我们来说就像大象一样可怕。"

其他一些动物假装自己很可怕，但实际上它们一点威胁性也没有。
"有时候，动物实际上是在虚张声势。"阿滕伯勒说着，一只绿色的
大变色龙爬到了他的手臂上。"当它们非常愤怒的时候，它们会因愤
怒而变黑，并且还会发出'嘶嘶'声。"他说，"即使它们不会对你
我造成任何伤害，它看上去也是非常可怕的。"在马达加斯加，有种
让当地人闻之惊恐的变色龙，"他们传说，要是被它咬一口，你肯定
会死的"。

在一个短片中，观众看到了一只巨大的雄性大猩猩，它摆着一副十分可怕的姿势，一边捶打着自己的胸口，一边嘶吼着。探险家们在非洲低地森林中发现了它们，就在这些讲座开设之前的130年里，他们当时认为它是非常危险的。"这么多年来，那可怜的野兽一直在被猎杀。"阿滕伯勒说，"事实上，它是一种非常温顺且无害的动物。"（几年后，阿滕伯勒在卢旺达拍摄一部著名的纪录片时，被一支大猩猩群体友好接纳了，继而直观地发现了这一点。）

这些讲座都是实况转播的，阿滕伯勒非常清楚，要让动物按指令完成动作会有多困难。所以，当一只豪猪拒绝从笼子里走出来时，阿滕伯勒笑了笑，淡定自若地静立了一会儿，试着用香蕉把它哄出来。最后，它从演讲大厅一个入口处的小围栏里探出了脑袋，孩子们近前凑过去，好奇地观察起来。"它现在有点惊慌，你们看，它已经竖起了身上的刺。"阿滕伯勒说。这只动物不是虚张声势，豪猪会对入侵者进行反击，用数千根毛刺刺向入侵者，长达 1 英尺（30 厘米）的刺，上面布满了倒刺，很容易刺进皮肤，但拔出来的时候会非常痛苦。"你们觉得，我们还让它回来吗？"阿滕伯勒说。比尔·科茨（Bill Coates），皇家科学院演讲助理，用一串香蕉将豪猪诱出了演讲大厅。

动物也有警告自己种族成员的方法。"有时候，动物之间也会发生分歧，"阿滕伯勒说，"它们有时会吵架。"他播放了一段影像资料，在加拉帕戈斯群岛海岸上缠斗的一群雄性海鬣蜥，它们并不互相撕咬，但却会额首锁住对方头部，紧接着再推开，直到其中一只投降并离开属地。

阿滕伯勒的下一位动物嘉宾展示其威胁的方式，结合了颜色、肢体动作和气味。"这位是塔米（Tammy），来自布里斯托尔动物园，它是一只环尾狐猴，你是不是呀？"他学着它们的语言，"咕咕咕"地叫唤，显然被他怀中的这只可爱的生灵迷醉了。"你要来点葡萄吗？"塔米一边"啾啾啾"地叫着，一边缩成了一团，深得观众的喜爱。

17th January, 1974.

Dr. G. F. Claringbull,
Director,
British Museum (Natural History),
Cromwell Road,
London, S.W.7.

Royal Institution Christmas Lectures

Now that the Christmas Lectures are over, I am writing to thank you for so kindly agreeing to loan various specimens from the British Museum for demonstration purposes in the Christmas Lectures. These added greatly to the interest of the lectures and we do appreciate your help.

The lectures were very successful and you will probably be interested to know that the viewing audience topped the million mark on four occasions, in addition to the very enthusiastic 'live' audience here in the Royal Institution.

With kind regards,

这是皇家科学院院长乔治·波特（George Porter）爵士写给不列颠博物馆的一封感谢信，于讲座过后寄出

皇家科学院的圣诞讲座圆满落幕了，给您写这封信是想向您表达我的谢意，感谢您的慷慨和善意，答应从不列颠博物馆借出那么多种动物的标本，用以圣诞讲座的现场演示，这大大增加了圣诞讲座的趣味性，我们非常感激您的帮助。

　　讲座非常成功，您一定也很想了解其轰动程度吧，除了热情澎湃的现场观众之外，场外观众有四次越过了百万大关。

乔治·波特敬上

　　塔米正忙着吃东西，所以，阿滕伯勒费了好一番力气才指出了位于狐猴前臂的气味腺体。"如果塔米想要投入战斗的话，它就会用它那可爱的黑白条纹的尾巴擦过那些腺体，"阿滕伯勒说，"然后，它们就会开始一场所谓的'臭战'。"这个观点甫一抛出，就引得听众"咯咯"笑起来。"它其实并不会真的扔臭气弹，但它要做的是抬起它的尾巴——请原谅……"（这时，塔米不安分地吱吱叫起来。）阿滕伯勒继续说，"然后它会在背上挥动它，这样就会产生一股气流，把这种讨厌的气味吹向它的敌人。"阿滕伯勒好不容易才把塔米还给了它的管理员，然后给他年轻的听众播放了一段狐猴在马达加斯加进行"臭战"的影视资料。

　　阿滕伯勒接着探索动物如何利用语言来捍卫自己的领地，这时，另一种狐猴令人难忘的啸声在演讲大厅里回荡开来。这是一只马达加斯加大狐猴，是现存狐猴科中体形最大的一种，他用这段录音帮助完成了马达加斯加东部茂密森林中狐猴影像的拍摄。在银幕上，观众只看到了树木，直到最后，一只黑白相间、体形巨大的动物才从树影间露出真容，就像一只巨大的泰迪熊。"它似乎对这段录音非常感兴趣，"阿滕伯勒说，"我怀疑它从来没有想过会有另一只那么小的马达加斯加大狐猴入侵它的领土。"这只大狐猴立刻以一声响亮的长啸回应，阿滕伯勒解释了这两声宣示领地的长啸的意义，"第一声是我模仿的狐猴叫声，意思是：这是我的地盘，这是我的领地；狐猴的那一声长啸是对入侵者表达'滚出去'

狐猴

的意思。"

　　有了自己的领地，对一只动物，尤其是雄性动物来说，下一步就该是吸引伴侣了。阿滕伯勒介绍了动物表达"属于我"的各种方式，一段雄性军舰鸟的影像资料显示，它们喉咙处的红色气囊，就是为了向路过的雌性展示。继而，观众听到了黑鸫筑巢的叫声，阿滕伯勒问观众雄性鸟类可能说些什么。"这只鸟是在哪里……这是种什么鸟……它是多么棒的一个歌手啊！"这些都是好答案，他还指出，每一只黑鸫都有自己与众不同的"拿手曲目"。"雌性黑鸫绝对有把握能认出它们的配偶，不仅如此，这个国家的黑鸫也都有着不同的口音。"听到这里，观众都笑了，"黑鸫很有可能唱出约克郡的口音哦。"

　　下一个动物登场时，观众立刻听出了它的叫声，几个孩子兴奋地喊着："是鲸！""你们可真是见多识广啊！"阿滕伯勒笑着说道。就在这些演讲开讲的几年前，1967年，一位名叫罗杰·佩恩（Roger Payne）的科学家已经证实座头鲸在唱歌。"我们尚不明白那是否是一首交配歌曲。"阿滕伯勒说，"或者事实上，这只50英尺长的巨型动物正躺在海洋深处唱着这首歌，或许是在召唤100英里以外的一只雌性座头鲸……当然，还是有一个遗憾，我们可能永远无法了解那首歌是什么了……座头鲸正变得越来越稀有，濒临灭绝，因为我们人类为了制造人造奶油和肥皂，捕杀了太多座头鲸，你们可能会觉得这是一种犯罪或是一桩丑闻。"（这些讲座结束5年后，"拯救鲸鱼"行动停止了商业捕鲸；佩恩的鲸鱼之歌对这场行动的成功有着至关重要的影响，通过揭示它们复杂而优美的歌曲，为保护鲸鱼赢得了更多公众舆论的支持。现在，许多种鲸鱼的数量都在增加，研究人员仍在努力破解它们的歌声；只有雄性会唱歌，所以这很可能是某种交配的叫声。）

即便是在求爱和交配结束后，语言在动物的生活中依旧扮演着非常重要的角色。阿滕伯勒向观众展示了一堆巨大的鸟蛋，这是一种叫"美洲鸵"的南美鸵鸟的蛋。他承认，"既然我们在皇家科学院，这里是科学性和准确性的大本营，我最好还是更坦诚一些"。只有一部分是真正的鸟蛋，剩下的是塑料复制品，总共有 54 个——这恰是一只雄性美洲鸵看护和孵化鸵鸟蛋的平均数（这些蛋来自多个雌性）。阿滕伯勒解释了同时孵化所有的蛋对雄性美洲鸵有多么重要，"如果说，今天孵化 20 个，然后离开自己的巢穴，开始四处乱窜，去找别的那些蛋，那将会是一件可怕的事情"。事实上，未出生的小鸟也能隔着蛋壳彼此交谈，协调它们的孵化时间，阿滕伯勒借助一堆小得多的鹌鹑蛋对此进行验证，他把装在孵化器里的鹌鹑蛋放到了一个特别的扬声器上，通过那个扬声器可以听到小鸟们轻击蛋壳的声音。他描述了剑桥大学的玛格丽特·文斯（Margaret Vince）最近的一个实验，发现一只小鸟轻击蛋壳，是要告诉其他小鸟赶紧孵化，早日破壳而出。

动物幼崽在出生的时候，就会跟它们的父母交流，阿滕伯勒想要证明：小老鼠发出高亢的尖叫声，是在召唤它们的母亲。一个有机玻璃箱里，他拨了拨这群蠕动的粉红色小老鼠，将它们从窝里挪到了一个透明的小室里，在那里，它们的妈妈能听到它们的召唤，但是它似乎并没什么兴趣去找它们。他又把这些幼崽送回窝里，却发现鼠妈妈立刻跑了过来，检查这个现在空无一物的小室，观众席上传来了一阵大笑。"你们知道的，我从来都不喜欢老鼠，"阿滕伯勒挠头说道，"尤其是这一种。"

除了父母跟后代之间的交流之外，一些动物还会学习其他物种的语言，包括光的语言。"关于物理发光和动物发光的方式，还有很多我们不知道的地方，"他说，"但是我们大概了解那是怎么一回事。"演讲大厅里灯光昏暗，阿滕伯勒在一个玻璃盘子里混合了两种液体，它们投射出了幽蓝的光，但很快便又暗淡了下去。"我觉得这太不可思议了，"他咧嘴笑着说，"我们在更大的范围内再做一遍这个实验。"他拿出了一个大的圆形玻璃烧瓶，满怀期待地搓着双手，准备大干一场，"这个会怎么样呢？"说着，那烧瓶里的液体慢慢形成了一个泛着亮光的旋涡。动物也有类似的东西，混合产生光的化学物质，阿滕伯勒做了其中一种动物的模型——一只棕色甲虫，俗称萤火虫。阿滕伯勒按下一个按钮后，那模型的底座闪烁起一束光来。黑暗中，雄性萤火虫和雌性萤火虫通过特定的闪光模式发现彼此，一个物种的雄性会发两次光，且间隔时间较长；雌性即发一次光以做回应。"这两只萤火虫在一起了。"阿滕伯勒解释说，"它们交配，一切都很美妙。"——除非，也就是说，另一种雌性萤火虫也参与到了其中，它学会了如何窃取到这些信号，然后发出同样的单次回应光，当一只雄性靠近的时候，它并不会跟它交配，而是将它吃掉。"只有当它从雄性身上获取一种完全不同的、同类的信号时，它才会跟它交配。"

很多动物的语言相对要简单一些，但某些情况下，信息也可能会非常复杂，其中最复杂的就是蜜蜂的摇摆舞。1973 年，阿滕伯勒讲座的同一年，奥地利科学家卡尔·冯·弗里希（Karl von Frisch）因发现昆虫的这种复杂的通信方式获得了诺贝尔奖。他发现，当一只觅食的蜜蜂找到堆满了花粉的花朵时，就会飞回蜂巢去，以一种特定形式的舞蹈，告知其他蜜蜂在哪里可以找到它们。为了让观众对此有更为直观的了解，阿滕伯勒做了一个蜜蜂舞蹈的大模型，科茨先生推来了一个手推车，上面放着一个停在了轨道（看起来这是从一个火车模型上取下来的）上的蜜蜂大模型。阿滕伯勒按了一下开关，那只蜜蜂便开始四处乱动，颇具几分说服力的是，这个蜜蜂模型绕着一个"8"字形的轨迹转圈，继而又在轨迹中央左右摇摆着身体。"就是这个。"阿滕伯勒松了一口气说道。

他解释了蜜蜂舞蹈的方向如何向其他蜜蜂暗示满载花蜜的花朵方位，继而又按下了另一个开关，他的蜜蜂模型沿着那轨迹快速移动起来，并且在"8"字的中央更用力地摆动起自己的尾巴来。在真正的蜂巢中，蜜蜂舞蹈得越快，说明花朵的方位就越近，蜜蜂摇摆舞的其他一些细节，那些对阿滕伯勒的模型来说非常复杂的细节，暗示了花朵跟太阳之间的角度。"所以，"阿滕伯勒说，"你们看到的这个是昆虫王国中传递信息最为复杂的一个案例。"他表示这个摇摆舞在昆虫群体中是极其不同寻常的，"它非常少见，也十分特别。"

摘自档案

1973 年 1 月 5 日，大卫·阿滕伯勒写信给皇家科学院院长乔治·波特爵士，感谢他向自己发出参加圣诞讲座的邀请。信中阿滕伯勒建议他，可以讨论动物的颜色和条纹，一个最终可以延伸到动物语言的话题。

5·1·73

Dear Sir George,

Thank you so much for your letter. I am very flattered indeed to be invited to give your Christmas lectures. In principle I would like to accept very much indeed. My only hesitation stems from doubt about the subject — what it should be and whether I can do it adequately. My initial reaction is that, needing to have

something that is visually interesting and susceptible of experimental demonstration, we might select the meaning of the shapes, colours & patterns of animals, with individual lectures on camouflage, aggression, mimicry, courtship and so on.

It would not, of course, be very new, but I am not sure how important you regard that.

May I think about it for a few days & then come & see you & discuss it?

Thank you again for inviting me. I take it as a great compliment.

Yours sincerely,

David Attenborough

100

事先，阿滕伯勒对开设动物专题的现场讲座还颇有几分疑虑，但事实证明，他的诸多疑虑都是没有根据的，这个系列讲座大获成功，之后，波特又写了封信给阿滕伯勒表达对他的感谢。

7 January 1974

This is just to say, once again, a very sincere thankyou for all the work that you put into the Christmas lectures and for making them such a success.

The 144th series were in the very best tradition of these lectures and your rapport with the children was the best I have seen. I hope you felt it was worth all the effort - your young audience had no doubt about that.

The Africa trip should be quite a change after the rigours of an R.I. Christmas. I hope it goes well and that it will be not too long before we see you here again.

With all best wishes,

我写这封信，就是想再次向您致以十二分的谢意，感谢您对圣诞讲座所做的一切，让我们获得如此巨大的成功。

　　这第144个系列讲座，深谙长久以来的传统，你跟孩子们之间的互动，是我见过最好的，我希望你也与我一样，对自己的努力感到欣慰 ——你那些年轻的听众无疑是这样认为的。

　　皇家科学院严谨的圣诞讲座之后，你那趟非洲之旅一定也会是一次巨大的改变，希望一切顺利，并且我们很快就又要见面了。

你最亲爱的朋友

第二周，阿滕伯勒给波特回了信，透露出一个细节，自从讲座开讲以来他一直在做一个梦，梦到讲座的录音出了点问题，让他不得不全部重做。

1974 年 1 月，卢顿区一所小学的校长也给皇家科学院写了封信："最近，大卫·阿滕伯勒的圣诞讲座给我留下了深刻的印象，甚至几度让我放下一切防备，找回了柔软的自己……我只希望学校里有更多的孩子能看到这些讲座。"也是那年 1 月，来自伯明翰大学的玛丽·F. 哈默（Marie F.Harmer）的一封信在《广播时报》上发表："他有一种罕见的才华，能够始终对这个课题保持浓厚的兴趣，同时还是一个极富人情味且幽默风趣的人。"

第八章
在宇宙中成长

理查德·道金斯

（Richard Dawkins）

1991

在宇宙中成长，一定程度上意味着从简

单到复杂，从低效到高效，从无知到

智慧。

不可思议的自然探索之旅

1. 生命的意义是什么？
2. 类设计体是怎么进化出来的？
3. "不可能"之山是什么？

　　"生命从何而来？它是什么？我们为什么会在这里？我们要做些什么？生命的意义是什么？"第一次演讲最初，道金斯就抛出了这些大问题，"有一种传统观点认为，对于这样的问题，科学是没有发言权的。"当然，道金斯也很乐意了解各种不同的观点。

　　贯穿始终，道金斯在他的演讲中批判了被他形容为"迷信、狭隘"的宇宙观，包括地球上生命的起源论。尤其是，他还对数个世纪以来奉为圭臬的理论——生命是神的作品，是由一个有意识的创造者，或是一个高智能的设计者创造的——提出了质疑。"在宇宙中成长，一定程度上意味着从简单到复杂，从低效到高效，从无知到智慧。"他说，通过"基于现实依据，公开辩论，而不是权威、传统或先知的启示，获得对宇宙科学合理

讲座安排表（封面）.

的认知"，我们也在成长。

借助一个笨重的金属炮弹，一个系于绳子一端，从天花板上垂下的约莫柚子大的炮弹，他表明了自己对科学的信任。道金斯靠在远处的墙上，把炮弹举到自己的前额处，准备让金属球像钟摆那样在房间里来回摆动。"我全部的本能都告诉我，要跑，但我对科学方法有足够的信心，知道它会在离我的脑袋约1英寸，或是更近的地方停下来，"他说（空气阻力会减慢炮弹的速度，它不会再回到最初的那个位置），"那我们现在开始了。"他放手几秒钟后，炮弹又飞了回来，几乎要撞到他的鼻尖，观众席上爆发出热烈的掌声。

在深入探究进化理论的细节之前，道金斯对他年轻的观众说道："我们的星球是多么壮丽而神奇啊！"他让他们想象一下，自己处于失重状态，乘坐一艘飞速行驶的宇宙飞船，在宇宙中寻找适宜居住的星球。这艘船简直不能再幸运了，他说，它降落在了一个能够维持生命的星球上，这里充满了五颜六色的植物和多姿多彩的动物。"你肯定会既新奇又茫然地四处探看，"他说，"完全无法相信那些出现在你眼前，在你耳中的奇迹。"

正因道金斯所谓的"对熟悉之物的麻木"，人们对地球上伟大的生命奇迹总是视而不见。他提出了一些我们可以尝试去唤醒自身感知力的方法，展示了一组如梦幻般的木星图片，这是由宇宙学家，也是皇家科学院圣诞讲座主讲人卡尔·萨根（Carl Sagan）想象出来的世界，在那个世界里，木星上居住着一群奇异的生物，他将之称为乔维亚人。道金斯发明了一个词——Bijovians——来形容那些看上去非常怪异，甚至极有可能来自另一个星球的动物。他给大家播放了一段浑身闪烁着复杂图案的乌贼的影视资料，还展示了一个满嘴獠牙、额前挂着发光诱饵的深海琵琶鱼模型，"这也是一个非常古怪的生物（Bijovian）"，他说。

我们还可以通过潜入微生物的世界，来一次短暂的旅行，从而甩掉我们的麻木。演讲大厅里有一台扫描电子显微镜（SEM），它是用电子代替光来呈现微小物体的详细图像的。他从观众席中请上了露易丝（Louise），让她用一根操纵杆在扫描电子显微镜发光的绿色屏幕和乍一看像热带雨林的东西之间来回探视。她将镜头拉长，一只长着绒毛触角的蚊子的头部显露了出来，接下来，我们继续研究电子显微镜本身的特性，很显然，这种复杂的器械是人设计出来的。道金斯把它跟类设计（designoid）体进行了比较，所谓"类设计体"就是指那种看上去像是设计出来的东西。这时，一个年轻的志愿者走上台来，他叫安德鲁（Andrew），脖子上还缠着一个类设计体的实例，那是一条博阿河大蟒蛇，它看起来就像是为鬼鬼祟祟和捕食者这个身份而设计的。"博阿河大蟒蛇最擅长的，"道金斯说道，"就是勒死猎物。"观众席上传来笑声，安德鲁紧张地走下台去，将蟒蛇从脖子上解了下来。

观众见到了更多类设计体的例子，有一棵猪笼草，它看上去就很适合捕捉昆虫，拥有保护色的动物似乎就是为了让自己看上去像别的东西而设计的；他还展示了状似一片海藻的叶海龙（"我最喜欢的类设计体之一"，道金斯说）和一些翅膀像干枯树叶的枯叶蝶的照片。所有这些类设计体是如何形成的，这个问题就在最近，在19世纪中叶得到了出人意料的解答。他说："有史以来最伟大的发现之一，是历史上最伟大的科学家之一——查尔斯·罗伯特·达尔文发现的。"

　　道金斯拿起了一本首版《物种起源》，它主要表达的是达尔文的自然选择进化论，这本书以一个与众不同的过程，即所谓的人工选择，或选择性育种为论题开篇。为了直观展示人工选择的一些结果，道金斯请进了一只丹麦犬、一只德国牧羊犬和一只吉娃娃犬，就在道金斯向观众讲解，它们如何从狼祖先——看起来更接近现在的德国牧羊犬——进化而来的时候，这几个家伙在演讲大厅里狂吠不止，还互相扭打了起来。几代繁衍下来，狗饲养员会精选出带有特殊属性的小狗——比方说，大一点或是小一点的——把它们放在一起养，然后选育更大或是更小的狗，最终培育出像丹麦犬（大型犬）或吉娃娃（小型犬）这样的犬种。他还展示了一些选育出来的品种奇特的鸽子和一系列蔬菜——花椰菜、西蓝花、甘蓝，它们都是从野生的始祖品种中选育出来的。

　　而在自然选择中，不是人类在选择，是大自然。道金斯通过一个蛛网演化的计算机程序向大家解释了这个过程，电脑（扮演大自然的角色）通过从所有蛛网中挑选出最能捕捉苍蝇的网，然后一代代重复这个选育的过程，每次都会在网的形状上增加一些细微的变化。为了加速输出进程，道金斯展示了蛛网从刚开始光秃秃的辐射状线条，逐渐被越来越多螺旋线和飞钓线充满的全过程。他对类似这样的事情在自然界的发生进行了讲解：蜘蛛能够结出成功的网，就能捕到更多的苍蝇和飞虫，那么就更有可能繁育和传承这些结网的基因。"随着基因的代代相传，蜘蛛结的网也越来越好。"他说，"正是这样的生存法则，适用于每一个生物物种，达尔文的观点是，类设计体根本就不是设计出来的，它们是通过自然选择进化而来的。"

　　达尔文自然选择理论面临的一个挑战，就是如何对下面这个问题

理查德·道金斯（1941—）

生于内罗毕的道金斯，在牛津大学巴里奥尔学院学习动物学，并一直在此攻读到博士学位。他曾在加州大学伯克利分校做了两年助理教授，此后，1970年，又回到了牛津大学，1976年他发表了自己的畅销书《自私的基因》，在其中探索了一种以基因为中心的进化论观点。他后来的著作包括《盲眼钟表匠》，这本书获得了1987年英国皇家文学学会奖；1996年出版的《攀登不可能山峰》；2006年出版的《上帝的错觉》。1995至2008年，他在牛津大学担任"查尔斯·西蒙尼"科普教授，此外，他还是英国皇家学会的会员。

进行解释：在不需要大量运气的前提下，类设计体是怎么进化出来的？道金斯引用了著名天文学家弗雷德·霍伊尔的理论，这位爵士曾把一切复杂生物仅凭运气诞生的概率比作飓风横扫垃圾场，然后巧合地自动组装出一架波音 747 飞机。道金斯接着解释道，运气是通过自然选择传播出去的，"我们不需要把我们所有的运气都放在一个大得离谱的地方"，他说，相反，它可能是点滴积攒起来的，在下一个平淡期来临之前，每一点运气都叠加在那儿。

他用两只虚拟化的猴子——霍伊尔和达尔文——进一步解释了这一点，它们的任务是输入莎士比亚的台词："我比一只猴子还要反复无常。"（摘自莎士比亚的《皆大欢喜》）霍伊尔随意打字，每打一行字，电脑都会检查它写的是否是完整的短语。"如果它写的是完整的话，"道金斯解释道，"这将是世界历史上最不可能发生的事，我敢保证，否则我就把我的帽子吃了。"他戴着一个保龄球帽。

另一只猴子，达尔文，做的也是同样的事情，只不过有一个关键的区别：当它随意输入一个短语时，电脑就会复制 50 份带有微小异变的副本，零零散散地换几个字母。继而，不管差别有多么细微，计算机都会选出最接近目标的短语，用它再造出 50 个稍带异变的副本。然后它会一遍一遍地重复这个过程，两只虚拟猴子录入的短语在演讲大厅的荧屏上不停闪烁。达尔文很快就打出来了看上去很接近目标的句子，它只用了不到一分钟时间，且只更新了 158 代，就已经完成了短语的准确录入。与此同时，霍伊尔还在输入"gobbledygook"这样一串看似乱码的字母。"像异变得到眼睛和飓风组装出波音 747 飞机这样的事情，是不可能在一次幸运的摇骰子过程中出现的，"道金斯说，"但如果从很多细小的步骤中一点点攒出运气，然后再把它们汇聚到一起，这种不可能的事就会发生。"

紧接着，道金斯向观众展示了一个假山模型，他将之称为"不可能"

之山，这座山的山峰就是我们发现类设计体的地方，比如一只眼睛或一头大象。最底层的，是不太能够适应环境的我们的远古始祖，二者之间隔着一座笔直的悬崖。他说："从悬崖底部纵身一跃跳到山顶上，相当于飓风组装出一架波音747飞机，或者在一次突变中得到一只完整的眼睛，这是不可能实现的。"

但那并不是登上"不可能"之山山顶的唯一途径，他转动了这个模型，将山的背面通向山顶的一条条倾斜的路径展现出来——他将之称为"进化坡道"。单个动物是不可能爬上这座"不可能"之山的，他说，但是在漫长的进化过程中，一个物种或是某个同族血统的群体可以登上这座山。作为示例，他将一只老鹰和一只猫头鹰带到了演讲大厅，来展示它们优雅的翅膀。这些专业飞行家栖息在道金斯那座隐喻之山的山峰，但是它们是怎样到达那里的呢？如果它们的翅膀是不断进化的，那么半个翅膀会有用吗？

用圣诞节饰品做成的一些动物模型证明，它是有用的，它们有着锐利的眼睛，骨管中空的四肢，有些动物有一个如裙摆一般的片状襟翼，这代表着简易的翅根——翅膀的根部。道金斯从一个比较低的高度放出了一对，它们都完好无损地着陆了，第二对则是从更高一些的高度上俯身落下来的，这一次，有翅根的生物安全着陆，而无翼生物则被摔得粉身碎骨。"有所控制的滑翔已经经过很多次进化了。"道金斯说，继而他又给大家放映了一个鼯鼠、蛇和蜥蜴在树与树之间滑翔的影像短片。他放映的这些动物，全都有半个或是四分之一的翅膀，随着进化过程的演变，它们从更高的地方落下来或是更远距离地滑翔，也能安全着陆，始祖鸟（还有蝙蝠和昆虫）的翅膀随着进化演变，在滑翔和飞翔方面变得越来越好了。

　　道金斯还介绍了放屁甲虫，那是他最冒险的一次演示，当它们受到攻击时，这些甲虫会混合自己体内的化学物质，然后向敌人身上喷射出爆破形态的腐蚀性产物。"神创论者，"他说，"经常用这些甲虫来作为推翻进化论的例证，他们认为只有神圣的造物主才能设计出一只不会自爆的甲虫，它不可能是逐渐进化而来的。"明显逗乐观众的是，道金斯宣称他将会接受神创论者的说法，并努力成为一只这样的甲虫。他戴着一个锡制的军用头盔，拿起两个烧杯，里面装的就是甲虫用来防身的化学物质：过氧化氢和氢醌。"谁想离开这个房间的，现在就可以出去了。"他说，但是大家都像是被粘在座位上了似的，一动不动，看着道金斯将两种液体混合到一起。"这两样兑在一起甚至都没有发热。"他对失望的观众说。

　　这些甲虫的秘密其实是第三种化学物质，一种加速反应的催化剂，道金斯也带来了一些。他加了一点到那个微弱的化学反应中，里面发出了轻微的嗡嗡声。"这稍微有点吓退掠食者的可能，但它对甲虫来说也不是特别危险。"他说。

　　接下来，他又尝试了一种反应稍微强一些的混合物，这次有了微薄的蒸汽和气泡，"这次明显放热了"，他说。最后尝试了一种浓缩的混合物，它开始逐渐生热并沸腾，发出夸张的蒸汽"嘶嘶"声。以上的每一阶段都代表了甲虫防御战略的逐步演变，经过无数代进化，甲虫开始慢慢爬上这座"不可能"之山，直到它们从那山顶处喷射出致命的混合物。

　　紧接着，道金斯邀请他的一位观众走进一个想象中的紫外线花园，他放映了一部用紫外相机拍摄花朵的影像资料，让大家看到了通常情况下人眼不可见的画面。他还提出了一个问题：这些花有什么用？一个以人为中心的答案可能会是这样的：这些花长在那里是为了帮助蜜蜂产更多的蜂蜜给我们吃。"我们需要建立起一个全新的世界观。"道金斯说，"我们要尝试通过其他生物的眼睛去看待事物，而不是永远都从自己自私自利的眼中去看。"从蜜蜂的角度来看，鲜花是为了给它们提供食物（花蜜和花粉）；从花的角度来看，蜜蜂为它们工作，帮助花儿把花粉运到别的花朵那里，确保它们不会"近亲繁殖"。这些花儿鲜艳的颜色——包括在昆虫们可以看得见的紫外线环境下——是针对这些传粉者的广告。"花儿需要蜜蜂，蜜蜂也需要花儿。"道金斯解释道。

从另一个角度来看，他引入了"完全自我复制程序"这个概念，这是一个想象中的、可以自体复制并扩散的计算机程序，就像病毒那样。但是它并非用现有的计算机进行操作，而是内含收集原材料的额外指令，构建出更多的计算机。他想象着一个拥有胳膊和腿的智能机器人，以及一个从零开始自我复制的机载大脑，这样的机器从未有人造出来过！

或者难道有人造出来过吗？

一只大变色龙沿着一根树枝在道金斯的书桌上别扭地爬行着。"这些生物和所有其他生物，"他说，"它

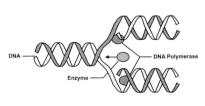

DNA 复制

们都是由自身的'完全自我复制程序'所操控的。"它不是被写出来的计算机程序，而是藏在 DNA 语言里的原生系统，"我们是由 DNA 制造出来的机器，而 DNA 的目的就是复制更多相同的 DNA。"从这个角度来看，鲜花的目的是散发制造鲜花的指令，同样地，蜜蜂是为了制造更多的蜜蜂，鸟儿是为了制造出更多的鸟儿，等等。

一只鹦鹉走了进来。"金刚鹦鹉色彩斑斓的羽毛，是为了传递出制造更多彩色羽毛的复制指令。"道金斯说。鲜艳的羽毛为它们引来了配偶，因此色彩鲜艳的羽毛基因才能遗传给后代。

植物没有翅膀，他严正指出，但是它们借用了蜜蜂和鸟类的翅膀，利用它们传播花粉。所以，从植物 DNA 的角度来看，蜜蜂的翅膀也是植物的翅膀，它们传递植物的基因，就像金刚鹦鹉的翅膀携带着金刚鹦鹉的基因一样。"现在，这确实是看待事物的一种不同方式，"他说，"一种奇怪而又陌生的方式。"然而，他补充道，这是一种寻找"与紫外线花园里奇怪的另一个世界相匹配"的方式。

特邀嘉宾

在关于紫外线花园的演讲中，道金斯透露，道格拉斯·亚当斯（Douglas Adams）的《银河系漫游指南》是他最喜欢的书之一，他请一位志愿者上台来，读这个系列图书中另一本的选段（《宇宙尽头的餐馆》）。亚当斯本人正坐在听众席上，跃跃欲试地举起手来，想要亲自阅读摘自他书中的选段。20 世纪 80 年代，道金斯给亚当斯写了一封偶像崇拜信，后来两人一直是好朋友，直到 2001 年亚当斯不幸英年早逝。

亚当斯读了一篇摘录，其讲述了以人类为中心的概念，动物纯粹是为了人类的利益而存在的。类似道金斯的"紫外线花园"理论，蜜蜂为酿造我们抹在吐司上的蜂蜜而存在，亚当斯设想，真的有一种想要人们吃它们的动物存在。亚当斯身高 6 英尺 5 英寸（1.96 米），在听众席中，远远高出孩子们一大截，他一边笑着，一边给孩子们读着摘录：

一头大乳牛走近萨弗·比伯尔布罗克斯（Zaphod Beeblebrox）的餐桌，一头肉牛也慢慢趋近，水汪汪的大眼睛，小巧的牛角，嘴角还露出了讨人喜欢的微笑。

"晚上好啊！"它垂着脑袋，重重地坐了下来，"我是今天的主菜，我能向你介绍一下我身体的各个部位吗？"

它的目光撞到了亚瑟不知所措的神色和萨弗·比伯尔布罗克斯眼里赤裸裸的饥饿感。

"要不从肩膀上取下一些东西，"这只牲畜建议道，"放在白葡萄酒酱里炖着？"

"哦，你的肩膀吗？"亚瑟惊恐地低声说道。

"自然是我的肩膀，先生，"那只动物骄傲而心满意足地说道，"除了我，没有别的谁提供给您了。"

"你的意思是这只动物真的想让我们吃了它？"亚瑟惊异地喊道，"那真的太可怕了，这是我听过最令人反胃的东西了。"

"出了什么问题，地球人？"萨弗说道。

"我只是不想吃站在我面前的这只邀请我享用它的动物，"亚瑟说道，"这太无情了。"

"总比吃一只不想被吃掉的动物好吧！"萨弗回答道。

"但这不是重点，"亚瑟抗议道，然后他思忖了片刻，"好吧！"他说，"也许这就是重点，无所谓啦，我现在不想思考这个问题，我只想……只想来一盘蔬菜沙拉。"

摘自媒体

道金斯的演讲引发了公众对进化论和神创论的激烈争论，来自布拉德福德的 J. 弗斯（Firth）夫人在写给《广播时报》（1992年1月2日）的一封信中提到，她觉得这些讲座很有趣，很有启发性，但她对这些讲座在基督教圣诞节期间开设提出了质疑。"我可以建议这个系列节目跟异教节日（如仲夏节）同时进行，并称之为皇家科学院夏至讲座吗？"道金斯回复道："我很高兴，弗斯夫人像其他很多在宗教分歧问题上分站两边的人一样，喜欢这些讲座……圣诞节期间的这些科学讲座的传统可以追溯到很久以前了，打破这种传统将会是一件非常遗憾的事情，它们也没有明显比驯鹿、礼物和槲寄生非基督化多少。"

摘自理查德·道金斯访谈

在他2015年出版的回忆录《黑暗中的烛光》的第二期中，道金斯回忆了自己在皇家科学院的那段经历，他写道：

1991 年春，电话铃响了，话筒的另一头传来了一位男士的声音，他操着优雅的威尔士口音轻快地说道："这里是约翰·托马斯。"约翰·梅里格·托马斯·福尔斯爵士是一位杰出的科学家，同时也是伦敦皇家科学院的理事，他打电话给我是向我发出邀请，让我为孩子们做皇家科学院的圣诞讲座。他跟我说这件事情的时候，我感到受宠若惊，一股愉快而荣幸之至的暖流冲散了我对寒潮的恐惧，我当下就明白了，这个邀约不能拒绝，但是我对自己能否做到公正没有多少信心。

当然，他最终接受了邀请，后来才发现皇家科学院圣诞讲师头衔的影响力真的是不容小觑：

圣诞讲座一个令人欣慰且意想不到的特点是，这个名头就是一把金钥匙，无论我以哪种方式转动，都能解锁信誉。"你想借一只鹰？哦，这有点困难，坦白讲，我觉得借出去不太现实，我的意思是，你真的希望……啊！你是要做皇家科学院的圣诞讲座啊？你怎么不早说呢？没问题的，你需要借几只鹰？"

摘自档案

在这些已存档的讲座资料中，有一份皇家科学院发出的邀请函副本，这是道金斯最后

The Director and Mrs Day
invite

....

to a tea party to be held in the Director's flat on
Saturday the 21st of December,
immediately after the second of this year's Christmas Lectures.

RSVD
by December 13th

Tel: 071 493 2710

一次演讲结束后的一个茶话会的邀请函。

此外，皇家科学院还保留着一份道金斯的讲稿，上面还有他手写的注解。

Can you imagine how it would feel, if you woke up, perhaps after a hundred million years of sleep, and found yourself on such a world. A whole new world, a beautiful planet of greens and blues and sparkling streams and white waterfalls, a world filled with tens of thousands of species of strange coloured creatures, darting, swimming and flying. You would surely bless your luck in arriving on such a rare world, and walk around in a daze, a trance, unable to believe the wonders that met your eyes and ears.

Fantasy painting

Well, this will almost certainly never happen to us.

And yet, in a way, that is just what *has* happened to all of us. We *have* woken up after hundreds of millions of years asleep. We *do* suddenly and mysteriously find ourselves on a world that sustaining our kind of life, a beautiful world filled with tens of thousands of species. Admittedly we didn't arrive by spaceship, we arrived by being born. But the wonder of the planet, the dazzling surprise of it, that ought to be the same whether we arrive by spaceship or by birth canal!

We are amazingly lucky to be here. We are lucky that it is we who are here, not the countless millions of alternative people who would have been here if their great great great grandparents had met instead of ours. There is also the lucky fact that the planet on which we have woken up is a very rare planet, one filled with life in the midst of a vast dust-cloud of dead, desert planets. Once again, it is obvious that our planet *has* to be one of the rare life-bearing planets because otherwise we wouldn't be thinking about the matter. But, again, this should not stop us marvelling at our privilege of being able to witness the remarkable sights and sounds of a planet laden with life. And we must not waste the privilege.

Here, it seems to me, lies the best answer to those narrow-minded people who are always asking what is the use of science. Many of you will have heard of Michael Faraday, one of British science's great heroes and the founder of these Christmas Lectures.

Portrait or bust of Michael Faraday

He was once asked by Sir Robert Peel - probably in this very room - what was the use of science. "Sir," Faraday replied, "Of what use is a baby?"

Have baby brought on, and hold it (if quiet), while talking

I always used to think that what Faraday meant by this was that a baby might be no use for anything at present, but it had great potential for the future. I now like to think that he might also have meant

第九章
骨骼中的历史

西蒙·康韦·莫里斯

（Simon Conway Morris）

1996

我们拥有独一无二的特权，也有着无可

替代的责任。

不可思议的自然探索之旅

1. 恐龙的血液是如何传到脑部的?
2. 恐龙灭绝是地球上的第几次物种大灭绝?
3. 生命史上的伟大转折点是什么?

　　"地壳中有数以千万计的化石。"康韦·莫里斯说。演讲大厅里一众观众围着他,他选择了一个巨大的化石牙齿,那只牙齿来自15万年前生活在现今特拉法加广场的一只河马,这只牙齿告诉我们,伦敦曾经是一片酷热地带。然后他拿起了一个巨大的披毛犀头骨,头骨上还有它那令人叹为观止的犀角,那角比他张开的手臂还要长。大约6万年前,当时欧洲还处于冰河时期,这种动物就游走在伦敦周边。"科学家就是侦探。"康韦·莫里斯说,"我们一直在分析处理线索。"化石是他要寻找的主要线索,从而重现史前时代的生命印象。

　　为了演示化石发掘的过程,康韦·莫里斯带来了一块从英国南部海岸莱姆里吉斯挖出来的石头,他用锤子和凿子把它敲开,将之整齐地分成了两半。"由于种种原因,这是一个非常奇妙的过程。"他向观众展示了一组闪闪发光的螺旋物,随之讲解道,"这些是鹦鹉螺化石。"这是这些古老的软体动物,章鱼和蜗牛的近亲,自从几百万年前死去之后,第一次重见天日。

　　康韦·莫里斯解释了动物骨骼和类似鹦鹉螺这样的贝类生物,

被掩埋在沉积物中逐渐转化成矿物，最终变成化石的过程。化石也可以通过其他方式形成，他拿起一块琥珀，里面凝结着一只 4000 万岁的蜘蛛，还有一些化石被保存在冰里，最著名的就是披毛犀。遗憾的是，康韦·莫里斯没有能够把一整只冻僵的猛犸象带进演讲大厅，不过他还是带来了它的一堆皮毛（要在被困于琥珀中的蚊子体内找到恐龙的 DNA 几乎是毫无可能的，像《侏罗纪公园》里面那样，但现在有科学家正在计划从保存在冰块中的猛犸象尸体上提取出猛犸象的 DNA）。

除了尸体之外，动物还会留下别的东西，这些东西向我们讲述了远古世界的模样。"这里有一只动物在漫步。"康韦·莫里斯指着一块蜿蜒轨迹绕过石体的石灰岩说道，真相揭晓，这是一只马蹄蟹化石（类似于朱利安·赫胥黎在他的讲座里提到的那只活体马蹄蟹）。他如斯描述这只史前动物，它被卷入了一场风暴，接着又被冲进了一个礁湖，在那里它被有毒的湖水麻醉，跌跌撞撞地在软泥里转着圈，留下了它的脚印，直到最终死去。然后，死亡现场迅速被一层保护性的沉积物掩埋，使得脚印和死去的动物并没有被冲走，原始泥浆硬化，最终形成了石灰岩板。"我们看到的，是它最后的死亡之旅。"康韦·莫里斯说。他又拿起了已灭绝的海洋爬行动物的一些粪便，这个可以让我们了解这只动物吃了些什么（在这个例子中，它吃的是其他爬行动物的幼体）。

"古生物学正在拼一个拼图。"康韦·莫里斯说，最有趣的谜题之一是，恐龙到底是什么样的。"这些动物都是非常巨大的。"他说。

为了让观众更清楚地了解这些恐龙到底有多大，一只腕龙的全骨骼模型被带进了演讲大厅，那东西的脑袋高高地竖在上方，几乎快碰到天花板了。

如此庞大的动物，势必会引发一些特殊的问题：首先，它们是怎么把血液传送到脑部的？为了找到答案，康韦·莫里斯求助了观众席中的詹姆斯，他曾经尝试用一只手泵制成了腕龙的心脏。红色的液体通过软管慢慢上升到脑部，这显然是一项艰难的工作，但是当血液回流下来的时候会发生些什么呢？詹姆斯发现，当他按下开关，血液流进双肺——玻璃罐子里的两个气球——其很快就会膨胀，继而破裂。"太可怕了。"康韦·莫里斯悲叹道，对这件不幸的事情观众一笑置之。对此他解释道，这就启发我们：庞大的恐龙肯定有两部分复杂的心脏，一部分是供压的，从而把血液送到头部；另一部分就没有那么大压力了，它负责把血液输送到肺部，并且保证不会把它们弄破。

恐龙拼图的另一部分是它们移动的速度，一名志愿者在跑步机上以每秒 2.5 米的速度慢跑，他双脚落地的距离相隔 4 英尺（1.2 米）。接下来，在一个影视短片中，林福德·克里斯蒂（Linford Christie）迈着比普通人长很多的步伐，以每秒 10 米的速度跑出了 100 米 [1993年，克里斯蒂成为欧洲第一位在 10 秒钟内跑完 100 米的人，至今，他仍然保持着 9.87 秒的英国国家纪录；尤塞恩·博尔特（Usain Bolt）以 9.58 秒的成绩成为目前世界纪录的保持者，比他快了 0.29 秒]。对于各种行走和奔跑的动物——狗、猫、鸵鸟、马和其他动物——随着速度的增加，步长也是同步增加的，我们可以通过测量恐龙保存下来的脚印之间的距离，来计算它们移动的速度。这个计算结果表明，你可以以绝对优势轻而易举地超过霸王龙。"但还是要小心迅猛龙，"

他警告道，"甚至连林福德·克里斯蒂都很难超越这些非常敏捷的小型恐龙，它们的速度如闪电一般迅疾。"

很长一段时间以来，关于恐龙最大的谜团就是它为什么会灭绝，直到 1980 年，美国物理学家路易斯·阿尔瓦雷斯（Luis Alvarez）和他的地质学家儿子沃尔特（Walter）才首次提出了恐龙灭绝的理论，现在已经被广泛接受。在大约 6500 万年前的岩石中，他们发现铱的含量高于正常水平的 100 倍；这种元素在地壳中是很少见的，但陨石中却非常丰富。他们还在同一时期的岩石中，发现了蚀刻成特殊细线的沙粒，这些晶体被称为冲击石英，地下核爆点附近也能发现它们。康韦·莫里斯说："它们是某些重大撞击物存在过的确凿证据。"

路易斯和沃尔特·阿尔瓦雷斯推断，大约 6500 万年前，一颗直径 6 英里（10 千米）的陨石撞击了墨西哥的尤卡坦半岛（2013 年的一项研究又将这一日期往前推了 100 万年）。正是这次撞击引发了一场全球性的灾难，使得"超级海啸"席卷全球，淹没了海岸线，它爆炸后成了一个巨大的火球，绵延数千千米的森林因此陷入火海，种种灾难产生的浓烟和灰尘升腾到大气中，遮天蔽日长达一年之久。"光

霸王龙骨骼模型

线无法到达地面，"康韦·莫里斯说，"陆地上的植物和海洋中的浮游植物都死光了，这些陨石气化形成的富硫矿石，释放出了含硫气体的滚滚浓烟，这些气体与水结合，以酸雨的形式再落回到地球上（最新研究表明，这使得海洋酸化，许多碳酸钙壳类的物种都被杀死，包括鹦鹉螺）。"现今，大部分科学家都已认同，这场大灾难灭绝了恐龙和地球上四分之三的生命。"数百万年后，地球才重新恢复健康。"康韦·莫里斯说。

这是地球遭遇的第五次物种大规模灭绝。"我们现在正处于第六次物种大灭绝，"康韦·莫里斯说，"这次并不是因为小行星撞击、冰河时期或是其他我们之前提到过的原因，这次物种大灭绝是我们自己造成的。"

早在我们人类出现之前的远古时代，地球上是没有任何生命迹象的。"30亿年前，"康韦·莫里斯说，"地球上除了细菌，什么也没有。"复杂的生命形式经历了漫长的演化，才开始慢慢形成，尤其是，5.4亿年前发生的一些变化，地球上瞬间充满了各种各样千奇百怪的生物——寒武纪物种大爆发，那也被认为是"生命史上的一个伟大的转折点"，他说，在此之前，地球上动物的生命形式一直非常简单，都是一些像海绵那样的静止生物。紧接着，无数奇形怪状的动物开始出现，它们长着眼睛和腿，还有可以游泳的附肢，几十年来，对于这场进化史上的狂欢，古生物学家们一直争论不休。有人说，可能是氧气量的增加造成了移动迅速的食肉动物的进化发展（这些动物需要大量的氧气），而其他动物，为了避免成为别人的食物则进化出了新的生命形式，研究人员仍在寻找这个古老谜团的答案。

西蒙·康韦·莫里斯（1951—）

古生物学家西蒙·康韦·莫里斯，生于萨里，自在剑桥大学攻读著名的布尔吉斯页岩化石研究博士学位起，他就一直在剑桥大学工作。他是英国皇家学会的会员。他的书籍包括《创造大熔炉》（是关于布尔吉斯页岩的），《生命的出路》，书中他提出，如果地球再次发生进化，最终仍会出现"有目的意识的物种"。康韦·莫里斯研究团队在他们的最新发现中，找到了身体如麻袋一般的寒武纪海洋生物微小化石，这种大口无肛门生物很有可能是脊椎动物有史以来最古老的祖先。

1909 年，美国地质学家查尔斯·杜利特尔·沃尔科特（Charles Doolittle Walcott）在加拿大不列颠哥伦比亚省的洛基山脉发现了一批化石宝藏，寒武纪物种大爆发的证据才初露端倪。一层 6 英尺厚的岩石，覆盖面积大约相当于皇家科学院演讲大厅的规模，就是著名的布尔吉斯页岩化石。沃尔科特收集了数万件被康韦·莫里斯称为"可能是你想过要研究的最华丽、最神奇的化石标本"。

他展示了两块布尔吉斯页岩化石，其中一个看起来像龙虾的尾巴，另一个看起来像水母，事实上，这是康韦·莫里斯和其他古生物学家最初的想法，但是，他承认，这些想法"大错特错"。最新研究发现，这块布尔吉斯页岩化石里，包含的是将所有这些物种拼凑在一起的一整只动物——一只庞大的掠食性动物，足足 1 米长的奇虾。康韦·莫里斯展示了一个模型，重塑了这只动物的模样。它的前端有两条类似虾尾的东西，这实际上是它用来抓捕猎物的附属工具，那只"水母"则是它的嘴巴。这些奇怪的生物是早期的节肢动物，是康韦·莫里斯给观众展示的，包括蝎子、狼蛛和马达加斯加蟑螂等无数现代节肢动物的远古亲属。

布尔吉斯页岩上的另一个化石是一个蠕虫状的生物，1.6 英寸（4 厘米）长，乍一看上去并不是很明显，但当康韦·莫里斯指出了一条沿化石一侧蜿蜒的细线，才揭开这个生物神秘的面纱。"这是我们脊椎的前身。"他说，这只动物是皮卡虫。1911 年，沃尔科特最初发现它的时候，他以为这是一种蠕虫病毒，但 1979 年康韦·莫里斯重新检验它之后发现，这实际上是一种脊索动物——包纳脊椎动物的动物群体，这就意味着皮卡虫可能是所有脊椎动物已知最古老的祖先之一。"这个其貌不扬的小小化石，"他说，"最终催生了像鸸鹋、恐龙、骆驼这样的生物，当然，还有我们。"

寒武纪的海洋一片生机勃勃，可当时陆地上却什么也没有，大约 4.5 亿年前，植物首先从水中上岸，紧接着是早期的节肢动物。康韦·莫里斯展示了一只巨大的千足虫留在泥泞海岸边缘的化石脚印，那脚印在被冲走之前就迅速变硬了，这是第一批从海洋迁徙到陆地的无脊椎动物（没有脊骨）。

时间轴又向前推进了1亿年，他对古生物学家如何发现另一个巨大的进化谜团的答案，给出了解释。长久以来，人们一直以为鱼是靠鳍将自己拖到陆地上的，比如今天的弹涂鱼，从而加速了陆生脊椎动物、四足类的进化。但是，如康韦·莫里斯解释的那样，这个理论最终被证实是错误的，他展示了一种水生动物——棘螈的模型，它通过鱼鳃呼吸，但却有前肢和后腿，爪子和脚趾。1987年，由詹妮弗·克莱克（Jennifer Clack）领导的一个剑桥大学研究小组，在格陵兰岛发现了这种生物完整的化石。"我再怎么强调这件事情的革命性都不为过，"他说，"这里有一只动物，已经准备好登陆了。"可能是为了在水生植物上顺利爬行，棘螈和其他早期四足类动物在水中进化出了腿。接着，它们只花了几百万年就进化成了有着健硕前肢和后腿、能够承担身体重力的其他物种，它们最终进化成了两栖动物、爬行动物、鸟类和哺乳动物，包括人类。

我们骨骼中的故事还在继续，最近，康韦·莫里斯通过对各种进化关键步骤的仔细研究，揭开了现代人类的进化历程。从大约600万年前开始，气候变化导致非洲大森林逐渐被开阔的草原取代，大约也是在那个时候，我们的祖先开始用两只脚走路，而不是像我们的近亲黑猩猩那样"指节行走"。他展示了早期人类在非洲大草原上漫步时留下的两个脚印化石，这种直立姿势的一个好处可能就是保持凉爽。一名穿着"超色彩"（光敏纤维）T恤衫的志愿者走进了演讲大厅，这件 T 恤可以随着热感而变色（20 世纪 90 年代英国的时尚风潮）。他站在一个酷热的太阳模型下方，他的 T 恤衫显示：相比直立姿势，他四肢着地躬身时身体更热。"指节行走"是非常适用于丛林生存的，森林里有树荫遮阳，但是在开阔的草原上，身体要承担的过热风险就大多了。"他必须喝一加仑的水，这么多水在森林中是很难找到的。"康韦·莫里斯说。

我们的祖先，早期人类的骨骼也向我们重现了直立行走后的生活景象，康韦·莫里斯展示了一个被什么东西刺出两个洞的早期人类头骨，那两个孔洞跟金钱豹头骨上的牙齿很吻合。不管他们是被活捉的，还是死后被吃掉的，这些早期人类都是生态系统的一部分，"你只能等着被一只大型猫科动物吃掉"，他说，但这是双向的。我们早期人类的近亲之一——直立人，一张直立人骨骼内细胞的照片显示，他是由于过量服食维生素 A 而出现的衰弱症状，可能是吃了太多狮子肝脏的结果。不过，这并不致命，并且这个生病的原始人还活了下来，大概是得到了朋友和家人的悉心照料。

接着，大约 50000 年前，我们的祖先开始制造越来越复杂的工具。作为示例，康韦·莫里斯展示了一柄装饰着复杂动物石刻的长矛。"这标志着一次变革，"他说，"并且延续至今。"从那时起，人们开始使用工具和技能，智人是唯一有能力观察到遥远的过去，明白我们从哪里来，以及地球是如何被生命充满的物种。"所以，我们拥有独一无二的特权，也有着无可替代的责任。"康韦·莫里斯对观众说。我们必须要照顾好这个星球，照顾好生活在这里的一切不可思议的生物，我们还要继续前进，继续探索它。"我们的骨骼里就有我们的历史，"

他说，"但是未来，掌握在你们的手里。"

摘自康韦·莫里斯访谈

从微小的、未出生的恐龙到玛丽·安宁（Mary Anning）一个最负盛名的发现——莱姆里吉斯鱼龙，有那么多化石需要展示，为了确保讲座的顺利进行，大量的准备工作都需要做好。电视摄像机轻易移动不了，所以确保所展示的东西始终在镜头内是非常关键的。"它们会形成我们常说的那种'错位'，"康韦·莫里斯说，"我们要把所有可能的位置都标出来，这样摄像机就知道你在哪里了。"这是每天讲座都要准备的，接下来还要对着少数人进行彩排，然后才能完整呈现这个讲座。

他表扬了皇家科学院的演讲工作人员——布莱森·戈尔（Bryson Gore）和比平·帕马儿（Bipin Parmar），还有制作人辛西娅·佩奇（Cynthia Page）。"是他们做了这一切，不是我，"他说，"他们非常棒！"他记得只有一次小小的失误，演示如何通过将一个模型浸入水中，来测量恐龙的体积时，他差点把演讲大厅给淹了。"地板不是平的，电轨也不是平的，"他说，"水开始流向各个地方，继而淹没了整个大厅，那完全就是一场灾难，我们不得不停止录制。"

摘自档案

康韦·莫里斯从不同的博物馆借来了许多化石标本，包括伦敦的自然历史博物馆，这张发票详细介绍了他在演讲过程中使用的树脂浇筑的化石模型，包括一个尼安德特人头骨和一个鱼叉尖儿。

British Museum (Natural History) London SW7 5BD England — Invoice

Signed Loan Agreement Form seen by me.............

Department of .... Loan No. **5262**

Consignee's Name ....

Address ....

Insured Value £ ......

Date for return 31 JAN 1977

Number	Description of Specimens	Condition
1	RESIN CAST OF ZINJANTHROPUS CRANIUM	GOOD
1	RESIN CAST OF NEANDERTHAL CRANIUM	GOOD
1	RESIN CAST OF NEANDERTHAL MANDIBLE	GOOD
1	RESIN CAST OF PEKIN MAN SKULL	GOOD
1	ACHEULIAN HANDAXE FROM E AFRICA	GOOD
	PLASTER CAST OF AU. BOISEI	
1	RESIN CAST OF HARPOON POINT	GOOD
1	LA MADELEINE	GOOD
1	LA MADELEINE CAST OF SPEARTHROWER	GOOD

The consignee agrees to take reasonable care of all specimens entrusted to him by the British Museum (Natural History) while in his charge; to return all of them so as to reach the Museum not later than the date specified on the invoice accompanying the specimens, unless any extension of time shall have been obtained; and when dispatching them, to have them carefully packed, to insure them for the value specified and, if they be sent by post to register them.

This invoice to be retained with the specimens

133

第十章

到地球的尽头：幸存的南极极地

劳埃德·派克

（Lloyd Peck）

2004

冰封的岁月长河中，你可以随便穿越回

哪个时间，看看那时候大气层是什么

样的。

不可思议的自然探索之旅

1. 世界上最寒冷的洋底潜游发生在哪儿？
2. 为什么南极洲会由暖转寒呢？
3. 如果南极冰原真的融化了的话，我们将要面临怎样的局面？

演讲大厅的地板上，一个巨大的、被冰雪覆盖的南极大陆模型几乎占满了全部空间，仅剩的那点地方刚好够放一台冰柜。冰柜的盖子打开了，派克从里面爬了出来。"这里深度冰冻的最低温度是 –20℃，"派克说，"有谁会愚蠢到在那样的环境下生活呢？"

大屏幕上，观众看到了一个令人望而生畏的、白雪皑皑的冰原，冰雪覆盖的山峰，冰山和深色的海水黑白分明。派克身着潜水装备，从海水里探出头来，"我是一名南极海洋生物学家，"他说，"这是我的工作室。"像派克这样的生物学家们，之所以忍受着天寒地冻的考验去南极科考，是为了研究生活在那里的、不同寻常的野生动物。"这片冰封的疆土，是地球上最顽强、适应性最强的生物们的家园。"他说。

派克从南极洲带回了一批活体海洋动物，展示给皇家科学院的观众，并将它们与比较常见的动物进行了对比。一只寻常的花园木虱在派克的掌心悠闲地蠕动着，这是一种人们熟知的昆虫，学名地鳖，螃蟹和龙虾的近亲。"南极洲也有地鳖，"他说，"但它们之间有个很大的区别。"他拿起一堆体形巨大的地鳖，每一只都有他手掌那么大，长着坚硬的外壳和蠕动的多足。观众沸腾了起来，"让它们离我远一点"，一个男孩叫了出来。

"现在，我要给你们看一个更有趣的例子。"他说，派克指尖托起的那个小黑点,正是他要展示的示例,一只欧洲最大的海蜘蛛(朱利安·赫胥黎 1937 年带到他主讲的圣诞讲座上的那只马蹄蟹的近亲)。这时，派克又拿出了一只红色的南极海蜘蛛，捧在手心，观众席上立刻传来阵阵笑声和窃窃私语。"这种蜘蛛最大的能有一个餐盘那么大。"他说。

为了让大家看到更多南极的巨型生物，派克领着观众展了一次世界上最寒冷的洋底潜游之旅。大屏幕上，派克跳进了一个冰窟。"我真的非常喜欢在这里潜水，"他说，"虽然的确特别冷。"那里的温度在 −2℃左右。他从海胆群和一只巨大的海星旁边游过，这只海星有将近 40 只手臂那么长。所有冷血动物(也称外温动物)

海胆群

的体温都是随着外界温度变化而变化的，它们不会被冻僵，因为它们体内盐含量很高，这会降低它们自身的凝固点(这也是为什么这里的海水也不会结冰)。南极的鱼类都有自己的一套抗冻机制，能够防止自身被冻成冰块，它们体内有一种糖蛋白分子，这些分子在它们的血液内循环，能够有效抑制体内冰晶逐渐变大。

回到演讲大厅，派克演示了冰水的一种非常重要的特性，他准备了两个带有盘式加热元件的烧杯，里面分别装了不同温度的水。其中一个烧杯里水温是 −2℃，加热元件被从溶液中冒出的银色氧气泡所覆盖；另一个烧杯，水温约莫 30℃，没有气泡，稍冷一些的水，含氧量更高，因为其中气体所占的空间更小，比在温水中跟水分子结合的能力更强。派克通过将气球放进液氮中来证明这一点，当里面的空气逐渐冷却时，气球会收缩；得益于低温富氧的海水，南极洲的动物才能长得这般巨大。像海蜘蛛和海星这样的生物，都是依赖遍布周身的氧气过活的，对大型动物而言，只有在氧气供给充足的情况下才能存活。

生活在南极海域的温血动物（恒温动物），一般都是通过肥硕的体形来保暖的。隔着大屏幕，观众看到派克漫步在南极洲北部马尔维纳斯群岛（英国称"福克兰群岛"）的海滩上，他的周围是成群的象海豹。"像这么大个儿的水牛，体重至少得有 3.5 吨。"他一边说着，一边小心地跟它们保持着距离。

"它们长成这样，并不单单是为了隔热保暖，更重要的是它们需要战斗。"两只雄性海豹对垒嘶吼，彼此缠斗。最大个儿的雄性海豹为雌性海豹和它们身下的幼崽守卫最大的领地，这些雌海豹和小崽子们也很肥硕，20 天内，它们的体重还会增加 3 倍，然后举家向南迁徙到南极洲冰冷的海域。

在南极洲，陆上的条件甚至比水下还要极端，这片大陆 99% 的区域都被冰雪覆盖着，雄性帝企鹅会在 -50℃ 的恶劣环境下，坚持 10 周时间，孵化它们的幼鸟。它们会聚集在一起，轮流抵御猎猎寒风的全力侵袭；它们体重的 40% 都是脂肪。

没有任何大型动物会长久栖居在南极大陆上，这里没有北极熊或狐狸，部分原因在于南极大陆完全是孤立的，除非它们能游泳或是长途飞行，否则当环境变得非常不宜生存的时候，没有任何动物能够逃离死亡之门。相比之下，在北极，亚洲和北美洲大陆靠得如此之近，只要它们需要，动物完全可以穿越海冰，走到气候更温暖的地方。永久栖居在南极大陆上最大的一些动物，当数一种叫跳虫的小昆虫了。

但情况并不总是如此，数百万年前的南极洲要暖和多了，并且遍布生命的足迹，包括茂密的丛林。派克向观众展示了一个恐龙的头骨，这是一只食草动物，漫游在 7500 万年前的南极大陆上，约莫 3 英尺高。"像生活在南极的其他恐龙一样，它也有一双很大的眼睛。"派克说，那是因为这片大陆位于南极之上，位置跟今天相差无几，那里有着漫长而黑暗的冬天。

为什么南极洲会由暖转寒呢？派克解释说，它过去是和南美洲连在一起的，并且还有一股暖流经过这里流向热带，这有效控制了南极大陆的冰冻化。再后来，到了 3500 万年前，南美洲逐渐向北漂移。"南极大陆被孤立了出来。"派克解释道，"没有了暖流的影响，冰雪开始在这片寒冷的大陆上聚集。"

今天，3000 万立方千米的冰原坐落在南极洲之上，重达 30000 万亿吨，它的重量扭曲了地球，将这片大陆向地心推进了三分之二英里，冰块在庞大的冰川脉络下游移，至少有 4000 米深。大屏幕上，观众看着派克沿绳索滑向了一个冰蓝的冰川深处。在那个冰川内部，太大体量的冰凝结在一起产生了巨大的压力，从而导致最底层的那层薄冰趋于融化，整个南极大陆都在以每天至多 10 米的速度向前滑移。冰川是从南极大陆的中心向外滑移的，因为其下的土层状似一个翻过来的碗，要最终汇入大海，它们要么碎裂成冰山，要么像漂浮的冰架一样漂流到海，并且这些冰架始终跟土层相连。

"但是在南极洲的很多地区，"派克说，"这个冰雪世界都在变化，它正在快速变化着。"南极半岛气温上升的速度比地球上任何地方都要快。"近50年间，那里已经上升了3℃。"他说，"这对那些冰原有着非常大的影响。"派克展示了一张拉森B冰架的图片，这个冰架承载了约7200亿吨的冰，1992年这个冰架从南极大陆断裂出去，越漂越远，"拉森B冰架的塌裂，是迄今为止全球变暖最鲜明的迹象。"

劳埃德·派克（1957—）

派克，出生于西米德兰兹的沃尔索尔，曾在剑桥大学耶稣学院学习自然科学，后来回到家乡在钢铁厂工作了一年，之后又回归学术界，在朴次茅斯大学攻读了关于海蜗牛生长繁殖的博士学位。1984年，他在剑桥大学加入了英国国家南极考察队，他是教授，也是生物多样化、进化和适应性研究小组的领队科学家。此外，他还是桑德兰大学和朴次茅斯大学的客座教授，剑桥大学名誉讲师，伦敦动物学会的科学研究员。2004年的圣诞讲座之后，他又分别在日本、韩国和巴西做过相同的系列电视讲座。

气候变暖的证据正是来自南极冰川，冰川深处的冰芯被连年的积雪层层包裹，经过 90 万年的积累，形成了冰原。"冰封的岁月长河中，你可以随便穿越回哪个时间，看看那时候大气层是什么样的。"派克说，他向观众展示了一片深冰芯上采下的样本，里面充满了无数微小的气泡，这些气泡早在数千年前就形成了，攒集在冰块中。科学家们对冰块中的这些气泡进行了二氧化碳含量检测，他们也可以通过检测冰块中两种状态下的氧气含量（又称同位素追踪法），来估算当时的气温：氧 16 和氧 18 同位素，氧 18 是质量稍大并且比较罕见的一种氧同位素。在较为温暖的情况下，水中的能量会更高，更多氧 18 蒸发出来，升空后降落成雪。通过检测氧 16 和氧 18 同位素的比率，科学家们计算出了过去的温度，南极冰芯显示，在过去的漫长岁月中，随着二氧化碳含量的逐渐增加，气温也是逐渐升高的。"大气中的二氧化碳就像单向绝缘体。"派克说，"研究表明，它能够吸收太阳发出的热量，但却不会把吸收进来的热量全部释放出去，最让我们感到担心的是，如今，大气中二氧化碳的含量比我们已知的任何时候都要高，并且还在快速上升。"

派克放映了一段自己在德文郡拜访詹姆斯·拉夫洛克（James Lovelock）的短片，正是这位独立科学家提出了盖娅假说，该理论认为地球是有一个自我调节系统的。"本世纪以来，我们向外排放的二氧化碳，早已超过大气中二氧化碳的临界值——某些地方大约在百万分之五百。"拉夫洛克说道，"当我们越过临界阈值，系统就会自动发生改变，之后我们所做的任何补救措施都将无济于事，它会自动进入一个更温暖、更热的状态，比我们之前经历过的气候都要炎热。"

到了 2017 年，地球大气层中的二氧化碳浓度，将于数百万年来首次达到 410ppm（1958 年它的量值是 280ppm），并且在我们的有生之年里，都不可能有幸见证这一数值回落到那个水平了。"这是我经历过的最令人担忧的一次对话，"派克无力地说，"很显然，留给我们采取行动的时间何其短暂。"

为了充分了解观众对这件事情都有着怎样的态度，派克给大家每人发了一份问卷调查，让他们填写，衡量他们每个人对地球的个体化影响（这些数据给出了一个相对数值，综合评估了日常生活中消耗的资源和释放二氧化碳的比率）：

你平时都吃些什么？

新鲜食物（5），加工食品（10），即食食品（15）

你住在哪里？

公寓（5），联排别墅（15），独立式住宅（35）

去年你是在哪里度的假？

英国（10），欧洲（20），这个世界上的其他地方（150）

你每天都是如何出行的？

步行或骑行（3），公共交通（25），汽车（50）

你多久洗一次澡？

每天泡澡（40），每天淋浴（20），每两天淋浴一次（2）

欧洲人的平均分数是 50~100 分，而在美国，这个数值甚至超过了 200 分，如果现在每个活着的人都按照美国人的消耗水平生活，那么这个世界根本没有足够的资源运转；要让全球人口都保持在这个消耗水准上，我们现在需要大约 5 个地球资源的总量，而这显然是无法实现的。

不断攀升的气温已经对南极的生命产生了非常严重的影响，大屏幕上，派克在南极爬上一块露出地面的岩石，指着一簇青草说道："50年前这里还寸草不生，现在植被已经开始在南极半岛蔓延了，从南美洲吹过来的种子在这里发芽，而且只在裸露的岩石上发芽，因此，随着半岛逐渐变暖，冰层开始融化，越来越多的石头裸露出来让这些植被栖居。"他说，"小型昆虫和甲虫们可能也准备进军这里了，它们将会给这个脆弱的陆地生态系统带来毁灭性的影响。"

在英国南极考察站，派克的探索小组对海洋生物，包括生活在南极海床上的蛤类，如何应对不断攀升的温度进行了研究。一段延时摄影视频中，我们在一个水族箱里看到了这些巨大的蛤蜊，在 0℃左右，它们要花 12 小时才能深挖下去，把自己埋进淤泥里，5℃的时候，它们根本就动不了。"南极海域生活着大约 5000 种冷血动物，哪怕它们中有一小部分像蛤蜊一样敏感，都有可能对海洋生态系统产生灾难性的影响。"派克警告道。

除了对野生动物产生影响之外，南极洲不断上升的气温也可能给地球上的其他地区带来深远的影响。首先，因为一个叫"大洋传送带"的洋流系统，南极在世界气候系统中扮演了一个非常关键的角色。派克在演讲大厅现场通过一槽水展示了它的运作模式，他在水槽的一端加入了一个蓝色的冰块，这块蓝色的冰立刻沉到了底部，它代表着南极洲的海冰，海冰形成时，冰晶为纯水，盐分被挤出，排出的盐分使周围海水的盐度和密度增加，从而下沉。接着，派克又向其中加入了红色的温水，这种水密度偏小，漂浮在水面上，代表着赤道温暖的海水。这就建立起了一个循环，就像"大洋传送带"那样，让水在大洋之间形成一个闭合的环流，从而对气候变化产生影响。"暖流经过，将带来温暖潮湿的天气。"他说。"而寒流的经过，则会造成寒冷干燥的气候环境。"派克解释道。问题是南极洲的海冰在过去的50年间减少了20%，我们目前还不清楚这将会对"大洋传送带"造成怎样的影响，但毫无疑问的是，这对气候变化而言是至关重要的。

南极变暖可能还会造成海平面的上升。"世界上80%的淡水都在南极洲的冰层中。"派克说。随着温度的上升，那些冰架可能都会像拉森B冰架一样，从冰原脱落（事实上，2017年7月，有1万亿吨重的冰山从拉森C冰架上脱落了下来），而冰架，是支撑冰川的巨大塞子。"如果把它们全都搬走的话，这些巨大的冰川就会将冰盖直接排入海洋。"派克说。

他接着描绘了一个严酷的画面，如果南极冰原真的融化了的话，我们将要面临怎样的局面。"如果仅仅是南极西部的冰盖塌陷，全球海平面将会上升6米，"派克说，"包括纽约、东京和孟买这些大城市在内，所有低洼地区都将慢慢消失。"孟加拉国有一半的国土将会沉入水底。

"目前尚不明确有多少冰川会融化，也不清楚海平面会上升多少，"派克说，"但据估计，海平面只要上升80厘米，仅印度和巴基斯坦两个国家就会有2000万到3000万难民无家可归，因此，海平面上升，对我们的文明而言，是真正的威胁。"

讲座接近尾声时，派克给他的年轻观众留下了诸多需要思考的问题。"这片脆弱的大陆，即便发生再微小的变化，也会给人类，乃至整个地球带来难以承受的巨大后果。"显然，留给我们的行动时间不多，"我们需要思考我们的生活方式，改变我们的做法，我们需要一支可以把这个理念传递下去的队伍。"

摘自劳埃德·派克访谈

"南极的拍摄工作差点就完成不了了。"派克的圣诞讲座过后第13年，他在英国南极考察站（BAS）的茶室里说。拍摄工作需要选择一个合适的时机，要卡在南极的暮冬时节（此时完全无法出门，更别说考察之行了）和圣诞讲座彩排时间的中间空当上。拍摄团队的工作人员恰巧碰上了南极洲的极端环境，真的是要多极端有多极端，他们飞往马尔维纳斯群岛，因恶劣天气，没有继续南飞的航班，被困当地10天。那段时间里，他们竭尽全力拍摄，包括跟象海豹合影的那个海滩场景，最后，天气转晴了，他们不得不把拍摄工作缩减到几天内完成。"准确来说，我们最后一天还真的去到了南极。"派克解释道。

现在，派克已经去过南极洲17次了（只去过北极两次），我问他，在去那片冰天雪地的南极大陆考察访问时，是否有注意到气候变化的影响。"你可以看到巨大的生态变化。"他说。企鹅群体四处寻找合适的栖息地，蛇尾海星（海星的近亲）也已经不在温暖的夏季产卵了。他还目睹了冰川的消融。"罗瑟拉南极站附近最大的冰川，"他说的是英国南极考察站，"我从 1996 年就开始研究了，那座冰山已经萎缩了 3000 米，所以，现在我可以坐上汽艇，在开阔的水域上，欣赏 250英尺（76.2 米）高的冰崖了。"

第十一章
3 亿年战争

苏 · 哈特利

（Sue Hartley）

2009

在我们人类生死存亡的关键时刻，科学

比任何时候都要重要。

不可思议的自然探索之旅

1. 动物以植物为食时，植物如何进行自我保护？
2. 植物间是如何进行沟通的？
3. 3 亿年中，植物最后的秘密武器是什么？

演讲大厅的中央，立着一棵闪闪发光的圣诞树。"在这场历时 3 亿年的战争中，它已经充分磨砺好了自己。"哈特利说。她邀请一些观众到台上来体验，感受它锋利的树叶，嗅闻松树的气味。"正是像这样的气味武器使这种植物成为地球上最成功的有机体。"她说，比起动物，地球上植物的种类起码要翻上千倍，足够填满 150 万个伦敦 O2 竞技场。植物也是寿命最长、最庞大的生物群体，哈特利展示了一棵 4500 岁的狐尾松和一棵约有 40 只鲸鱼那么大的巨型红杉树的照片。

还有些植物以动物为食，哈特利向观众展示了一种以昆虫为食的猪笼草，这种植物用花蜜吸引昆虫，继而将其溺于自己的消化酶腔中。当然，大部分情况下，是完全相反的局面：动物以植物为食，以策应对，植物会进化出防御性的武器，来对抗这些食草动物的侵犯。有类似草叶的叶边长满锋利的尖刺（也就是植硅体），看上去像是微晶玻璃碎片，这样的物理性防御；植物也有自己的化学武器，哈特利拿起一根红色的阿纳海姆椒，"它有 2500 个斯高威尔（热单位），或称 SHU，辣度指数的衡量单位"，她说。一位勇敢的志愿者，阿利斯泰尔（Alistair），从观众区走到台前，他没有吃那个辣椒，只是抿了一口混了几克辣椒素的水，看到他不由自主地喷出嘴里的辣椒水，嘴唇被辣得直哆嗦，观众不由得哈哈大笑。

接下来，哈特利向大家展示了一个魔鬼椒，世界上最辣的辣椒之一，辣度高达 100 万 SHU。观众开始窃窃私语，大家毫不怀疑她是想要有人上台来试一下，事实上，她请来了一位特邀嘉宾——亚当·史黛西（Adam Stacey），他戴着一副太阳镜，穿着一件夏威夷度假衬衫。亚当嚼了几口后，吞下了一个小魔鬼椒，但很快他就说不出话来了，眼泪顺着脸颊泪汩汩流下来。

在亚当承受魔鬼椒的巨大洗礼时，哈特利就此讲解了充满辣椒果体的这种被称为辣椒素的化学物质，是如何跟口腔中的受体结合，从而产生辣感的。然后，她又介绍了她的另外一位特邀嘉宾——芭利（Barry），一只黄色的虎皮鹦鹉，"芭利是吃辣椒的一个冠军选手"，她说。亚当犯了一个错误，他嚼到并且咬碎了辣椒最辣的部分——种子，而芭利却完整地吞下了它们，没有释放出一丁点辣椒素。鸟类完好无损地吞下这些种子后，通过排便帮助植物播撒这些种子，"所以这个辣椒喜欢芭利，讨厌亚当"，她说。不过亚当明显更讨厌辣椒，还发誓他再也不吃辣椒了，说着他向热情的观众欠了欠身。"我想，植物的防御武器起作用了。"哈特利笑着说。

除了这些红辣椒之外，植物还能产生大约 10 万种不同的防御性化学物质，以抵御食草动物（帮忙播撒种子的动物除外）的采食。这些阻吓剂包括致命性化学物质氰化物、士的宁和蓖麻毒素，然而，毒物并不是食草动物面临的唯一问题，它们的食物也有可能缺乏重要的营养素。哈特利请进了一条圣伯纳德犬（食肉动物）约吉（Yogi）和一匹设德兰矮种马（食草动物）杰里（Jerry），来进一步讲解这些体形相似但饮食习惯却截然不同的动物。约吉在吃少量富含蛋白质的狗饼干，而杰里则咀嚼着一大堆蛋白质贫乏的干草。

接下来上场的，是一个致命的大块头食草机器，一头名叫贝西（Bessy）的奶牛模型。"奶牛对食草，有着最为复杂的一套适应机制。"哈特利说。在洛克兰（Lochlan）——从观众中挑选出的志愿者——的帮助下，她向观众完整呈现了奶牛用灵巧的舌头抓取干草，然后把它咽到喉咙里的全部过程。紧接着，6个装满水的大水罐被推了进来，用以直观显示奶牛每天要分泌多少唾液——110升——来帮助咽下每天进食的这70磅（超过30千克）干草。洛克兰接着打开了贝西的胃，露出了里面的4个胃室：第一个，瘤胃，里面藏着奶牛的秘密武器——数十亿能够消化纤维素，消化植物细胞壁上坚硬部分的细菌。第二个胃室里，细菌仍在继续分解纤维素，但是由于草的体积太大，所以并不能被完全分解，贝西需要把这些草再嚼一遍，"它得把它倒回来！"哈特利扮着鬼脸形象地演绎了一把，继而解释了反刍的重要性。第三个胃室是吸收水分的，而第四个则更像一个正常的胃（包括人类体内的胃），里面含有用来分解食物的盐酸和消化酶。

回到贝西体内，我们将看到它对阵植物这场战争的另一种武器：它有着非常长，且令人印象深刻的肠道。哈特利用一条粗绳形象化地比拟它，拿着它走到观众席，把它绕在房间内围，相比于人类仅仅6米的肠道，一条奶牛的肠道可以长达50米，完全可以更好地吸收营养。在这条冗长的肠道尽头，一位幸运观众——亚当，走向台前来，举着贝西的尾巴揭示一个不争的事实——所有难以消化的草最后都会变成一坨大大的牛粪。

在植物和动物之间的战争中，沟通起着至关重要的作用，尽管它们不会说话，或者看不到，但植物却无时无刻不在彼此沟通。

为了向大家说明，植物是如何沟通的，哈特利把观众"变成"了一棵棵树，每个座位下都有一锅冒着泡的混合物。"当你看见一个泡泡，或是看到泡泡落在自己身上的时候，就开始吹。"她指示大家，坐在后排的人们发出了一连串的信号，这些信号被吹向前方，很快演讲大厅里就充满了泡泡。"那就是植物彼此交流，彼此警报的方式。"她说。

为了更详细地解释这一点，哈特利讲起了自己在学生时代完成的一个实验，她那时就发现：当某种食草动物准备发起攻击时，植物是知道的。问题的关键就在毛毛虫的唾液里，她先用剪刀——模拟毛毛虫嘴巴的剪刀——剪下了一些植物叶子，发现这个举动并不足以触发植物的化学防御系统。然后她提取出了毛毛虫的唾液。"我发现如果你拿起毛毛虫仔细观察的话，它们看起来就像一大管牙膏。"她说。相反，当她把毛毛虫的唾液涂到被剪下来的叶片上，她得到了预期的相同反应，就好像一只真的毛毛虫在咀嚼植物那样：它开始释放毒素，毛毛虫唾液同样能让植物释放出它们的气体化学信号（这里用气泡代表信号），警告其他植物准备攻击，开始释放对抗食草动物的毒素。

除了彼此之间的沟通之外，植物还能跟动物进行沟通，黄蜂闻到植物的警告信号后，会飞过来查看。为了演示接下来会发生些什么，哈特利展示了一个毛毛虫模型肯尼（Kenny），并从观众中邀请一位志愿者——杰克（Jack），上台来取下肯尼的头部。"啊！"哈特利惊叫道，"你杀了肯尼！"杰克把手伸进肯尼断掉的脖子里，从里面掏出了一把黏糊糊的不明物体和一个巨大的幼虫模型。一只黄蜂用尖锐的产卵刺头（称为产卵管）刺穿毛毛虫的皮肤，把数百枚虫卵产在了这只毛毛虫的体内。继而，这些卵在里面孵化，开始从里向外蚕食肯尼。"植物信号可以传递给这些黄蜂。"哈特利说，"然后，它会阻止肯尼。"寄生蜂通常只会攻击一种特殊种类的毛毛虫，所以植物会定制它们的信息。"它们能够把信号准确发送给那种黄蜂。"她说。

到目前为止，动植物之间历时3亿年的拉锯战，已经达到了非常好的平衡。哈特利表示："然而这种细致的平衡可能会被气候变化打破，气温和降雨的变化会改变这场战争的性质，现在，有很多例子能够证明这个可怕的事实已经在发生了。"她说，"虽然很罕见，但是我们的确看到过昆虫数量的突然增加，并且这似乎超出了植物的防御能力。"她展示了一些蝗虫吞噬庄稼带来蝗灾的图片。

"将来，我们还想看到更多虫灾的爆发吗？"哈特利问大家，有一种需要小心的昆虫，那就是蚜虫，它们有着锋利的口部，可以刺入植物，吸出它们的汁液，就像小型的吸血鬼。她又拿出一种被蚜虫攻陷的植物，叶片上布满了黑点，这些蚜虫，她警告道，是最危险的害虫之一，对粮食作物造成的损失每年可以达到1亿英镑。借助一只名叫安吉（Angie）的放大版蚜虫模型，她向我们展示了为什么它们会造成这么大的影响：如果安吉所有的后代都能成活的话，哈特利解释道，地球将会被150千米厚的蚜虫完整覆盖，相当于地球与空间站之间距离的一半，这是由于这些蚜虫的无性繁殖。

另一位志愿者——康纳（Conor），来到台前帮安吉接生，他发现在它的体内，有一个克隆版的安吉，叫爱丽丝（Alice），但也不完全相同。爱丽丝的体内还有一个一模一样的蚜虫，叫艾莉森（Alison），安吉怀孕的时候，它体内的爱丽丝也已经怀上了艾莉森，这是一种叫作套管式繁殖的系统。"这种不可思议的繁殖方式，"哈特利说，"能够让蚜虫非常迅速地扩充队伍。"目前，肉食性昆虫，包括瓢虫，还能有效控制蚜虫的扩张，但是随着全球气候变暖，蚜虫的繁殖速度也越来越快了，总有那么一天，连瓢虫都会沦陷，就像哈特利指出的那样，我们将会淹没在蚜虫的海洋里。

随着气温的不断攀升，有些植物可能会失去召唤昆虫捕食者帮助的能力，马栗树（又称琥珀树）就是一种深受气候变化影响的植物。每到夏末，整个英国到处都是这种棕色叶片上像是被谁泼了斑斑锈迹的马栗树。在哈特利的介绍下，罪魁祸首也粉墨登场了——一种有着"马栗树树叶矿工"诨名的蛾子，毛茸茸的银褐色条纹外衣，完美隐匿了它包藏的祸心。这些毛毛虫对马栗树的叶子有种不可思议的狂热，胃口也大得出奇，它们会从里向外把这些叶子吃个遍。"一片叶子上最多能有 700 名矿工'不辞劳苦地耕耘'。"她说，所幸在它们的原生地——意大利，它们还有天敌，一种黄蜂（一种在蛾的体内产卵的寄生虫）能对它们有所抑制，只可惜它们还没有"移民"到英国。"这种矿工蛾在北方势如破竹地扩张着，没有任何天敌。"她说。

气候的变化可能会使这场 3 亿年的持久战好不容易建立起来的平衡，逐渐偏向昆虫的那一边，但植物还有最后一个秘密武器。"种子，"哈特利说，"就像一个个小的时间胶囊，能够保存植物，并将其护送到未来。"她请到了来自皇家植物园邱园的种子专家——沃夫冈·斯塔佩（Wolfgang Stuppy），向大家展示显微镜下错综复杂的种子图像，有些看起来像大脑和蜂巢，有些表面覆盖着一层齿锋和钩子。"显微镜下，它们看起来非常可怕。"他说，植物利用动物来传播它们的种子，要么通过动物的胃（就好像虎皮鹦鹉吃辣椒种子那样），要么挂在它们的皮毛上。有些种子飘散在风中，随处落地生根。"正是这些手段，让植物能够将种子传播到更远更广阔的世界去。"哈特利说。

种子里面还包含着惊人的遗传多样性，可以为人类世界的问题提供解决方案，包括随着气候的变化哪些作物会存活下来。哈特利播放了她最近造访邱园千禧种子库的一段录影，她将之描述为"植物的挪亚方舟"。她参观了一系列地下混凝土冷冻库，里面放着一排排巨大的玻璃罐，约20亿颗种子储藏于此，它们守护了世界上10%的植物物种（邱园的下一个目标是，到2020年，这里能够守护世界上25%的植物物种），很多种子保存在 -20℃的环境中，可以存活数千年之久。

回到演讲大厅，哈特利介绍两位压轴的嘉宾，来自动植物相安无事生活数百万年的、某个与世隔绝的地方。"也就是说，它们最终变得非常奇怪，但也很美妙。"她说。第一位出场的，是一种看上去像细长的仙人掌，但实际上却完全不是同一科属的植物，只在一座岛屿上被发现过，它就是马达加斯加刺木。它的长刺之间生长着细小的绿叶，"要吃这些刺木叶一定是非常困难的"，哈特利说，但马达加斯加岛上有一群动物已经进化到可以征服它们了。最后登场的是柯蒂斯（Curtis），一只环尾狐猴，魔法般的"呦吼"和"啊哈"声在观众席间回荡。

"柯蒂斯有一双神奇的手。"哈特利说，像戴维·阿滕伯勒在 1973 年的那场演讲中一样，她显然是被这只狐猴给迷住了。现场出现了两位幸运观众——凯特（Kat）和苏西（Suzy），她们俩可以给柯蒂斯喂食，就像我们在阿滕伯勒爵士的讲座中看到的那样，这只狐猴非常喜欢吃葡萄。"柯蒂斯抓东西的时候手会握得特别牢。"哈特利说，这时狐猴伸手扒开了凯特的手，想要找到更多的食物。在马达加斯加南部，哈特利解释道，生活着另外一种狐猴（也就是人们熟知的马达加斯加德肯狐猴），它们的手部已经进化到刚好能卡在刺木的刺中间了，能够游刃有余地摘下树叶吃。"所以在马达加斯加，这场 3 亿年的战争催生了一些令人惊叹的植物，"她说，"还有一些不可思议的动物。"

在讲座的结尾，哈特利向她年轻的听众传达了一个强有力的心声，如果要更好地迎接未来的挑战，我们就必须要像植物一样巧于变通。她对他们说，从气候问题到粮食短缺，我们将来要面临的问题还多着呢，植物学和科学的比肩进步，是解决这些问题的关键所在。"在我们人类生死存亡的关键时刻，科学比任何时候都要重要，"她说，"你们这些孩子都是未来的科学家，你们的星球和这个星球上所有的一切都掌握在你们自己的手中。"

摘自媒体

在英国《每日电讯报》（2009 年 12 月 18 日）的一篇采访报道中，英国皇家科学院科学示范技术人员安迪·马默里（Andy Marmery）透露了他在筹备哈特利的讲座时遇到的一些季节性问题：自 19 世纪 30

苏·哈特利（1962— ）

哈特利曾就读于牛津大学生物化学系，后来获得了约克大学的博士学位，在搬到苏塞克斯大学之前，她一直在这里担任生态学教授，也是在那段时间，她受邀做了圣诞系列讲座。那次电视录播之后，她又分别在日本和2010年的曼彻斯特生命科学博览会上做过公开演讲。她现在是约克大学环境可持续性研究所主任，在这里继续她关于动植物之间互动作用的研究，包括寻找提高作物抵御气候变化能力的方法，以及使用天然植物化学物质来保护作物免受害虫的侵害。

年代至今，我们从来没有开设过植物专题的讲座，现在我才知道原因：它们不喜欢圣诞节，它们中的大部分都死了或者叶子都掉光了，这给我的道具准备工作带来了一些挑战。

科学作家艾德·勇（Ed Yong）当时也在听众席中聆听哈特利的

讲座。"看到一群孩子这般热情饱满地听科学讲座，奔走相告，甚至都挤到了楼梯上，这的确让人觉得非常振奋，"2009 年 12 月 6 日他在一篇名为《科学不难懂》的博文中写道，"这对哈特利的讲座是多么好的评价啊，他们全神贯注地听讲，把每一个关键词都圈起来，每当她要选几名志愿者上台的时候，孩子们都会兴奋得不能自已。"

摘自苏·哈特利访谈

"那真的是乐趣无穷，"回顾自己的圣诞讲座时，哈特利说道，"这完全是因为孩子们，他们的热情、兴趣和学习经历。"她的讲座上摆满了各种动植物模型，她把它们都带回家了吗？"毛毛虫肯尼，有条色彩斑斓的尾巴，身体里还有一团肮脏的虫子……"她说，"它现在在我的办公室里。"此外，她还带来了很多活体动物，但它们却总是表现不好，比如观众看到的一只食草动物——卡利普索（Calypso），一只两趾的树懒。一开始，它显得非常积极，但当摄像机开始工作时，它就爬到舞台的一边，一动不动地静静坐着。"这时，导演赶紧向大厅管理员反映，'我能看到的就只有它那该死的屁股'。"哈特利回忆道。

她是圣诞讲座史上的第四位女性演讲者，也是仅有的两位植物学家之一。第一位给我们做演讲的植物学家——约翰·林德利，他是1833 至 1834 年度圣诞讲座的讲师，伦敦邱园能够保存至今，其中也有他不小的贡献，19 世纪初政府强行要求关闭邱园时，他费尽了心力。现在，哈特利是邱园董事会委任的受托人，她始终保有高亢的热情，倡导大家关注那些常常被忽略、亟待被保护的植物。

最后一场讲座的结尾，因为传达了自己对地球现状深沉的隐忧，哈特利的情绪似乎有些失控，禁不住泪流满面。"跟大家讨论这些非常有可能消失的东西……所有这些不可思议的生物多样性，我是毫无保留的。"她说，"所以，感觉上，这的确像一个非常情绪化的结尾，这是一次非常棒的体验，我觉得那可能也是这个体验的一部分……这是一件多么有力量的事情啊，让我们也用一条充满力量的信息结尾。"

纪实图集

一张由《伦敦新闻画报》专门为讲座制作的画报，描绘的是汤姆
逊在展示一只毛茸茸的海牛时，被他年轻的听众围观的场面

一场演讲之后，巴尔弗－布朗向他的年轻听众展示他收集的昆虫

弗朗西斯（弗兰克）·巴尔弗 - 布朗

巴尔弗－布朗在他的一次演讲结束时，向观众展示了活体水生甲虫

赫胥黎向观众介绍这只叫麦克斯的斑点狮幼崽

赫胥黎（左）在向他的观众展示一只罕见的加物庄鹦鹉

格雷在向他的观众展示一个猎豹毛绒玩具

格雷向他的部分观众展示了一个机械鸭模型

莫里斯把布奇介绍给了观众，一些孩子正在用葡萄慰劳这只黑猩猩

菲菲协助莫里斯做了一次示范

该讲座开讲的几年前，这个打椰子游戏实验曾在伦敦动物园里上演过

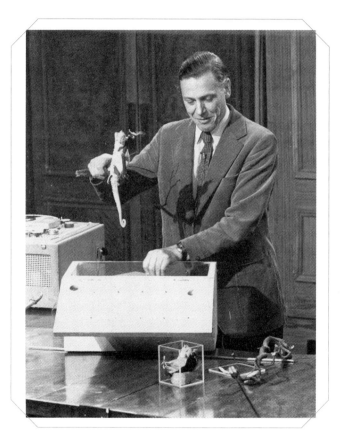

阿滕伯勒向观众展示了一只活体变色龙

阿滕伯勒向观众介绍这只名叫塔米的环尾狐猴

阿朕伯勒跟他的一些听众坐在一起，他们们演示自己动耳朵的能力，像其他灵长类动物一样，以此互相交流

安德鲁跟一条博阿河大蟒蛇熟悉了起来，它就是一个类设计体的实例

道金斯和他的"不可能"之山假山模型

道金斯在演示放屁甲虫的防御喷射

康韦·莫里斯在向观众展示一个巨大的霸王龙头骨

康韦·莫里斯和观众在看一只头部悬在演讲大厅天花板下方的腕龙模型

康韦·莫里斯在展示一个棘螈的模型，这是一种介于鱼类和两栖动物之间进化
阶段的生物

派克正在向他的观众展示一只活体南极巨蜘蛛

身穿服号衣的斯坦伯上的象海豹的合影

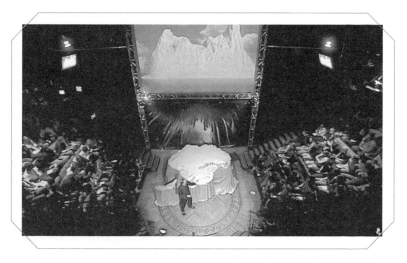

一个巨大的南极洲模型铺满了演讲大厅的空地，派克正向他的观众介绍这块白雪皑皑、天寒地冻的大陆

科学家们在南极大陆采集深冰芯样本

派克通过一槽水、冰和有颜色水，演示了"大洋传送带"的运行模式

哈特利在介绍这场 3 亿年的战争时，一只巨大的毛毛虫正奋力穿
越一片硕大而光滑的冬青树叶，它似乎遇到了一些麻烦

亚当嚼了世界上最辣的一种辣椒之后，被辣得难以承受

哈特利和她的助手带来了两头驴子，来演示食草动物吃植物的过程

哈特利在部分观众面前，展示毛毛虫模型肯尼，让大家向里面看，
找出塞满毛毛虫身体的虫卵和黏糊糊的液体

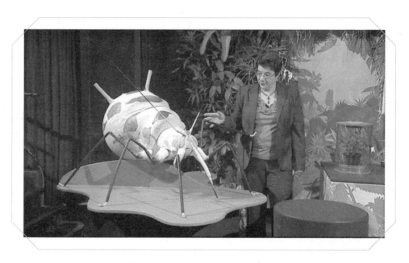

哈特利在展示一个名叫安吉的蚜虫模型

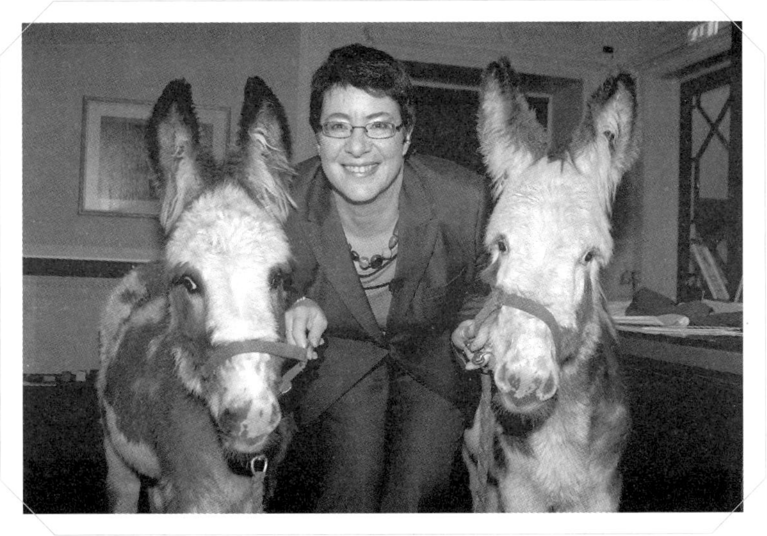

哈特利和在她讲座上现身的两头驴子的合影

示例图集

美洲虎

松鼠猴

幼年鳄鱼

纸鹦鹉螺

蜂巢

红鸢

帝王蟹

纤毛虫

鸟妈妈喂养幼鸟

臾融

213

狐猴

DNA REPLICATION

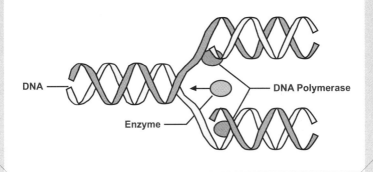

DNA

DNA Polymerase

Enzyme

DNA复制

霸王龙骨骼模型

海胆群

后记

如今，我们比以前任何时候都要了解自然世界的内在运作，在长达一个世纪的圣诞讲座中，我们见识到了生物学家们如何一步步揭开物种和生态系统越来越多的细节联系，从海洋深处到高山之巅，以及这两者之间的任一地方。同时，我们也比任何时候都要清楚，人类的活动是如何破坏生命脉络微妙的平衡的，某些问题才刚刚解决，新的问题就已经出现了。

圣诞讲座一路走来，某些关键信息贯穿了所有这些讲座，一个是，自然世界对人类的生存有多么重要，尽管我们常常意识不到这一点，直到大错最终铸成，自然失去平衡，昆虫和疾病将我们彻底淹没。另一个重要的信息是，这个世界上有许多令人叹为观止的奇观，等待我们每个人去发现——不管是古代螺旋形贝壳的化石，还是饕餮成性的食肉动物遗骸，或是生活在花园池塘里的肉食性甲虫，或是以创造更多花朵为目的、到处传播花粉的蜜蜂。

现在，全球超过一半的人口都居住在城市里，很多孩子从小到大几乎从没接触过大自然，我们从没有像现在这样迫切地想要让人类与自然重新建立起连接，去了解和关心外面的世界。皇家科学院圣诞讲座将大自然栩栩如生地带到这么多人面前，培养大家的一种好奇心，鼓励每个人以新的角度思考这个生命的世界，去探索和发现它吧，现在出发！

作者手记

　　我衷心地感谢对这本书的成书提供帮助的人们，特别是皇家科学院的盖尔·卡杜（Gail Cardew）、夏洛特·纽恩（Charlotte New）和莉娜·胡尔特格伦（Liina Hultgren），感谢他们帮忙联系如今还在世的科学讲座的讲师，提供讲座的档案资料和影视片段，给了我很多客观的指导。万分感谢剑桥大学动物学系的简·艾克德（Jane Acred），感谢她帮我找到了詹姆斯·格雷的手迹。还要感谢迈克尔·奥马拉图书公司的乔·斯坦索（Jo Stansall），他一直不遗余力地在帮助促成这本书。特别感谢德斯蒙德·莫里斯、罗伯特·阿滕伯勒、西蒙·康韦·莫里斯、劳埃德·派克和苏·哈特利，感谢你们与我分享你们对圣诞讲座的回忆；我真的非常高兴能够跟你们取得联系。感谢所有给我启发和思考的讲师，不仅是在我写这本书期间，还有一直做圣诞讲座粉丝的这么些年——谢谢大家。还有伊凡（Ivan），感谢你在我所有的努力过程中，从未懈怠的爱和支持。

以下是每一章中所使用的档案资料的简要说明：

第一章：动物的童年

彼得·查理姆斯·米歇尔将他的圣诞讲座编纂到了一本同名书中，1912 年由剑桥大学出版社出版。文中对其的直接引用，摘自该书，以及当年讲座的一些新闻报道。

第二章：生物群落

直接引用约翰·亚瑟·汤姆逊 1912 年出版的书（同名），该书由 A. 麦洛斯有限公司出版，同时还引用了当年讲座的新闻报道。

第三章：论昆虫的习性

直接引用自当年讲座的媒体报道和弗朗西斯·巴尔弗 – 布朗 1925 年出版的书（同名），该书由剑桥大学出版社出版。

第四章：珍稀动物及野生生物的灭绝

引用自皇家科学院官方整理出来的关于朱利安·赫胥黎讲座的细节资料，还有各种新闻报道。

第五章：动物是如何移动的

直接引用自詹姆斯·格雷基于自己的讲座所写的一本书（剑桥大学出版社，1953 年版），还有关于讲座的新闻报道，这些报道大多直接引用詹姆斯·格雷的原话。

第六章：动物的行为

没有找到关于这期讲座的任何影像资料，德斯蒙德·莫里斯通过邮件非常热心地给我提供了他对讲座的回忆，其他资料是皇家科学院整理出来的。

第七章：动物的语言

大卫·阿滕伯勒的讲座有完整的影像资料（第四场讲座除外；这部分笔记资料可在皇家科学院档案馆查阅），所有直接引述皆来自原纪录片。

第八至十一章：在宇宙中成长；骨骼中的历史；到地球的尽头：幸存的南极极地；3 亿年战争

理查德·道金斯、西蒙·康韦·莫里斯、劳埃德·派克和苏·哈特利的原述摘录都是从这些系列讲座的视频资料中直接引用的。

图片出处说明

第 4 页：讲座安排表（封面）；来自皇家科学院的收藏（RI MS AD 06/A/03/A/1911）。

第 6 页：对虾幼体的不同成长阶段；《动物的童年》原版插图，彼得·查理姆斯·米歇尔撰，弗雷德里克 A.斯托克斯公司，1912 年出版。

第 7 页：美西蝾螈的蜕变阶段图；《动物的童年》原版插图。

第 12 页：狮子一家的照片；《动物的童年》原版插图。

第 13 页：米歇尔的照片；© 赫尔顿 – 德语集锦 / 科尔维斯摘于盖蒂图片社。

第 17 页：讲座安排表（封面）；来自皇家科学院的收藏（RI MS AD 06/A/03/A/1920）。

第 22 页：海百合类（crinoids）；《生物群落》原版插图，金·亚瑟·汤姆逊，哈考特，布雷斯公司，1922 年出版。

第 25 页：天鹅绒虫图片；《生物群落》原版插图。

第 26 页：鼓肚蜘蛛图片；《生物群落》原版插图。

第 27 页：海岸群落图；汤姆逊讲座时提供，伦敦新闻画报，1921

年刊。

第 31 页：讲座安排表（封面）；来自皇家科学院的收藏（RI MS AD 06/A/03/A/1924）。

第 34 页："蜜蜂墙"图片和蜜蜂品种简图；《论昆虫的习性》原版插图，弗朗西斯·巴尔弗－布朗，剑桥大学出版社，1925 年出版。

第 38 页：水生甲虫幼虫头部示意图及水生甲虫幼虫摄食习性图；《论昆虫的习性》原版插图。

第 47 页：讲座安排表（封面）；来自皇家科学院的收藏（RI MS AD 06/A/03/A/1937）。

第 50 页：讲座中洞穴野马壁画；来自皇家科学院的收藏（RI MS AD 06/A/03/A/1937）。

第 58 页：讲座安排表（封面）；来自皇家科学院的收藏（RI MS AD 06/A/03/A/1951）。

第 59 页：水蛭桥式实验图；《动物是如何移动的》原版插图，詹姆斯·格雷撰，剑桥大学出版社，1953 年版。

第 62 页：格雷在讲座幻灯片上的手迹，以及第一场讲座的手写笔记；经剑桥大学图书馆辛迪克斯授权许可转载（Add. 8125 D19/Add.8125 D22）。

第 64 页：一匹骏马疾驰的图解；《动物是如何移动的》原版插图。

第 66 页：鸟类在上升气流中向上滑翔的图片；《动物是如何移动的》原版插图。

第 68 页：伦敦动物园致格雷的那封信；经剑桥大学图书馆辛迪克斯授权许可转载（Add. 8125 D18）。

第 75 页：讲座安排表（封面）；来自皇家科学院的收藏（RI MS AD 06/A/03/A/1964）。

第 82 页：莫里斯给劳伦斯·布拉格爵士的信；皇家科学院 / 德斯蒙德·莫里斯（RI MS AD 06/A/03/C/1964/Folder2）。

第 82 页：布拉格致莫里斯的信；来自皇家科学院的收藏（RI MS AD 06/A/03/C/1964）。

第 89 页：讲座安排表（封面）；来自皇家科学院的收藏（RI MS AD 06/A/03/A/1973）。

第 93 页：波特给不列颠博物馆的信；来自皇家科学院的收藏（NCUAS C 1085）。

第 100 和 101 页：阿滕伯勒给波特的手写信函；皇家科学院 / 戴维·阿滕伯勒（NCUAS C 1085/1973 年 1 月 5 日）。

第 101 页：波特给阿滕伯勒的信；来自皇家科学院的收藏（NCUAS C 1085/1974 年 1 月 7 日）。

第 103 页：阿滕伯勒致波特的信；来自皇家科学院的收藏（NCUAS C 1085/1974 年 1 月 12 日）。

第 107 页：讲座安排表（封面）；来自皇家科学院的收藏（RI MS AD 06/A/03/A/1991）。

图书在版编目（CIP）数据

11 次奇妙自然探索之旅 /（英）海伦·斯凯尔斯
（Helen Scales）著；祖颖译 . — 长沙：湖南文艺出版
社，2018.7
书名原文：11 EXPLORATIONS INTO LIFE ON EARTH
ISBN 978-7-5404-8728-7

Ⅰ.①1… Ⅱ.①海… ②祖… Ⅲ.①自然科学—普及
读物 Ⅳ.①N49

中国版本图书馆 CIP 数据核字（2018）第 108814 号

著作权合同登记号：图字 18-2018-057

上架建议：畅销·科普

11 Explorations into Life on Earth by Helen Scales
Copyright © Michael O'Mara Books Limited 2017
First published in Great Britain in 2017 by Michael O'Mara Books Limited
Simplified Chinese rights arranged through CA–LINK International LLC
Simplified Chinese translation copyright © 2018 by China South Booky Culture Media
co., Ltd.
ALL RIGHTS RESERVED

11 CI QIMIAO ZIRAN TANSUO ZHI LÜ
11 次奇妙自然探索之旅

著　者：〔英〕海伦·斯凯尔斯
译　者：祖　颖
出 版 人：曾赛丰
责任编辑：薛　健　刘诗哲
监　制：蔡明菲　邢越超
策划编辑：刘宁远
特约编辑：李乐娟
版权支持：文赛峰
营销支持：张锦涵　傅婷婷
版式设计：潘雪琴
封面设计：尚燕平
出版发行：湖南文艺出版社
　　　　　（长沙市雨花区东二环一段 508 号　邮编：410014）
网　址：www.hnwy.net
印　刷：嘉科万达彩色印刷有限公司
经　销：新华书店
开　本：880mm×1230mm　1/32
字　数：177 千字
印　张：8
版　次：2018 年 7 月第 1 版
印　次：2018 年 7 月第 1 次印刷
书　号：ISBN 978-7-5404-8728-7
定　价：59.00 元

若有质量问题，请致电质量监督电话：010-59096394
团购电话：010-59320018